军事计量科技译丛

装备科技译著出版基金

超快材料计量学
Ultra-fast Material Metrology

[德] 亚历山大·霍恩 （Alexander Horn） 著
聂树真 译

国防工业出版社
·北京·

著作权合同登记　图字:军-2019-034 号

图书在版编目(CIP)数据

超快材料计量学/(德)亚历山大·霍恩
(Alexander Horn)著;聂树真译. —北京:国防工业
出版社,2021.9
书名原文:Ultra-fast Material Metrology
ISBN 978-7-118-12337-1

Ⅰ.①超… Ⅱ.①亚… ②聂… Ⅲ.①工程材料—
计量 Ⅳ.①TB3

中国版本图书馆 CIP 数据核字(2021)第 165648 号

※

国防工业出版社出版发行

(北京市海淀区紫竹院南路 23 号　邮政编码 100048)
三河市腾飞印务有限公司印刷
新华书店经售

*

开本 710×1000　1/16　印张 11½　字数 196 千字
2021 年 9 月第 1 版第 1 次印刷　印数 1—2000 册　定价 92.00 元

(本书如有印装错误,我社负责调换)

国防书店:(010)88540777　　书店传真:(010)88540776
发行业务:(010)88540717　　发行传真:(010)88540762

译者序

超快激光器出现于 20 世纪 70 年代,在物质辐射吸收和后续熔化、蒸发等过程中,超快激光的特征时间尺度不同于连续和长脉冲激光,已经应用在诸多领域中。目前,超快激光器已达到平均功率千瓦量级,满足了先进工业生产的需求。近年来,我国已在超快激光光源和超快激光加工领域开展了大量的研究工作,其中大多数研究的切入点集中在超快光源研制和微纳加工质量的提升方面,例如,通过优化控制超快激光的作用参数以提升微纳加工效果等。这些研究往往根据作用后效果总结激光与物质作用规律,很少涉及对超快加工过程的状态测量和监控,因此存在较大的局限性。在超精细微纳加工中采用光学超快计量,可以实现对加工过程的状态测量和监控,但国内在这方面的研究有限,缺乏较完备的研究基础。因此,各类新型超快装备和系统的设计会受制于相关理论的匮乏,而本书阐释的超快材料计量学的相关理论原理和应用实例,具有较强的指导性和普适性。本书的出版将有助于拓宽我国超快激光技术研究和产业化应用的前进道路,推动超快激光探测和计量技术在我国的发展和应用进程。

Alexander Horn 教授长期从事超快激光技术的研究,着重于激光诱导过程中的超快检测,尤其是典型泵浦和探测技术的发展和应用,目前已出版 40 多部著作。而本书是作者第一次向读者详细介绍应用超快激光开展激光与材料相互作用研究所用到的测量技术。本书共计 8 章,主要内容包括:超快计量的概念和历史、超快激光器特性、激光相互作用原理、泵浦和探测基础、超快检测方法、泵浦和探测计量的应用等。本书可供从事激光技术、探测与计量技术、光电子技术、光信息与科学技术、光电仪器、激光加工、激光诱导等离子体等相关方向的科研和产业化人员阅读,也可作为高等院校相关专业的教科书或者参考资料。

本书是我在德国耶拿弗里德里希·席勒大学光学与量子学研究所访学期间翻译完成的,德方有序推进的科研项目研究、导师和同事在专业领域的悉心指导,都为本书翻译工作的顺利进行打下了基础。在此感谢为本书出版做出辛勤工作的国防工业出版社编辑肖姝和在本书的翻译过程中给予我帮助和指导的所有人士。

由于译者水平有限,恳请广大读者对书中的疏漏和不妥之处批评指正!

最后,将此书送给我的女儿王茗馨,在德国访学期间她陪伴着我完成了本书的翻译工作,希望她以后"博观而约取,厚积而薄发"。

聂树真

2021 年 4 月 15 日

序

  随着微米制造技术,尤其是纳米制造技术的持续发展,需要生产和集成监控系统的创新。微纳尺度零部件的加工制造,必须使用相对应的微纳量级空间分辨力的生产工艺。由于超短脉冲激光辐射的特有属性,如皮秒和飞秒范围内的超短脉冲宽度以及兆赫兹超大重复频率,使它在材料加工中可以实现空间分辨力范围内的烧蚀和改性过程。新的高功率飞秒激光光源即将出现,其脉冲宽度在亚皮秒,重复频率在兆赫兹,平均功率在数百瓦。这些新激光光源的出现,使飞秒激光辐射应用于宏观尺寸部件的材料加工处理成为可能。超快纳米加工,如烧蚀和改性,可以用在宏观尺寸部件中,并且几乎与材料无关。传统的以熔化为主导的加工工艺,如打孔和切割,可以在升华基础上加以改进,改进后所需要的系统工程更少,有助于节约能源,获得更优的加工质量和更高的生产效率,使纳米走入宏观! 由 Alexander Horn 所著的这本 *Ultra-fast Material Metrology*,必将给从事飞秒激光材料加工以及诊断工作的研究人员以启迪。

  此致

理学博士 Reinhart Poprawe M. A. 教授

2009 年 3 月

前言

连续和长脉冲激光技术已经在许多工业生产中得到了很好的应用,包括切割、焊接和打孔。自 20 世纪 70 年代发明了超快激光器以来,由于在辐射物体吸收和随后的加热、熔化和蒸发等过程中的时间尺度不同,超快激光器已经发展成为稳定的系统,能够满足新应用,并且可以提高现有生产技术和生产率。现在,超快激光器正朝着技术领先、平均功率达千瓦级和满足工业标准的方向发展。

本书为具备激光技术基础知识的科研人员和工程师介绍实用的超快激光技术,提供从科学研究到工程应用的技术指导。基于此目的,超快激光辐射的介绍聚焦在生产中的应用方面,并在激光辐射和物质相互作用中引入许多加工过程。采用强度大于 $10^{12} \mathrm{W/cm^2}$ 的超快激光辐射,不仅可以发生加热、熔化和蒸发过程,还会伴随高能量等离子体的形成过程。因此,在激光材料加工处理中引入了等离子体物理学的相关知识。

诸多使用激光辐射的工业应用,往往与加工过程的监控密不可分。超快激光辐射推动了快速加工技术的发展,相应地也需要超快的诊断技术,本书涵盖了诊断技术的相关内容。此外,由于超快激光辐射具有某些特有属性,如宽光谱带宽和超短脉冲宽度,针对这些特性,本书也提供了一些新的诊断技术。另外,非成像和成像技术的实例也包含在本书之中。

理学博士 Alexander Horn 教授
2009 年 3 月

致谢

本书是在我担任亚琛工业大学（RWTH Aachen）激光技术（LLT）主席期间研究和撰写的。作为超快组的带头人，我有幸与高水平科学家、工程师和物理学家一起工作，因而能够不断探究超快激光技术的美妙世界。

我的成功和进步以及本书的撰写和出版，都离不开理学博士 Reinhart Poprawe M. A. 教授的帮助，他是弗劳恩霍夫激光技术研究所（Fh-ILT）所长和 LLT 教授。他一直帮助我，并且几乎满足我的所有科学设想。在亚琛工作期间，他的聪慧果敢影响了我，并鼓励我撰写了本书，还提出了许多宝贵的意见和建议。

我的前任老板 Ingomar Kelbassa（LLT）是现阶段我最要好的科学合作伙伴，他对我的工作给予了充分的肯定，这引领着我和我的团队投身到无限的科学研究之中。他对我工作的准确评价常常一语道破了我写作中的疏忽之处。

我曾与理学博士 Peter Russbüldt 相识相知并一起工作，即使在假期我们也一起度过。他针对我所遇到的诸多科学问题展开研究，并为我的研究和本书内容提出了许多重要的建议。

理学博士 Ilja Mingareev 与我一起工作在超快激光科学的美妙世界中。我相信我们打造了一支很棒的团队，也因此铸就了本书的成功和书中丰富有趣的各项成果。他对我的耐心也让我非常感激。

我的第一任老板理学博士 Ernst-Wolfgang Kreutz，感恩他的帮助让我作为物理学家在科学上迈出了第一步。他对我的作品提出了严格而准确的评审意见，给我留下了深刻的印象，对此我很感谢。他自始至终都相信我的能力。

本书的问世要特别感谢 Martin Richardson 教授的友情帮助。他是弗罗里达大学光学系的光学专业教授，尤其在等离子体物理方面他给予了我很大的帮助，在任何时候都会为了我而腾出时间。

我非常感谢所有校对者的帮助和支持，理学博士 Wolfgang Schulz 教授，理学博士 Peter Russbüldt，理学博士 Ilja Mingareev，工程师 Martin Dahmen，理学博士 Ernst-

Wolfgang Kreutz，Bruce Carnevale 和理学硕士 Dirk Wortmann。他们清理、分类并去除了一些不恰当的措辞和错误的表达。我也非常感谢所有从事基础工作、搭建实验平台、整理测试数据和将研究付诸实践的学生。我希望他们也喜欢和我一起工作，就像我喜欢和他们一起工作一样。但愿我没有太过于严格。

我感谢在我作为激光技术主席期间和在弗劳恩霍夫激光技术研究所工作时期的所有同事，感谢他们所营造出的合作良好、氛围和睦和家庭般的环境。

理学博士 Alexander Horn
2009 年 3 月

目录

第1章
绪论

在这个高度复杂且不断变化的世界里,能让我们放心的认知是,某些物理量是能够被精确测量和预测的。精确测量作为物理学最美好的专业之一,总是深深地吸引着我。有了更好的测量工具,人们可以观测到以前无人看到过的地方。测量实践与理论知识之间看似微小的差异,已然引起了基础知识的重大进步。现代科学本身的出现就与精确测量艺术密切相关。

T. W. Hänsch. 诺贝尔奖报告 2005[1]

1.1 动机

对高加工精度定制产品的需求一直推动着新方法的发展,将技术尺度降低到微米和纳米量级,加剧了新一代加工工具的产生。超快激光辐射可以满足许多相关的应用需求。这种新一代的辐射加工工具离不开聚焦方法、光束传输、新过程处理和监控设备的发展。从作为加工工具的激光光源一直到被加工工件的完整生产链,必须要从微纳尺度的角度进行设计。

超快激光辐射的独特属性使其能够在精确定位的体积内沉积光能,并且作为一种非接触工具为工程应用提供了新的技术手段。光能的沉积在不引起材料应力的情况下发生。超精细加工和高能操控的必要性,已促使科学家们研发出具备重要特性的新激光光源,如超短脉冲宽度、超高重复频率或者两者同时具备。像光纤、板条和薄片激光器之类的高能、高重复频率系统有望快速实现工业应用。

激光加工本身包含如熔化、蒸发和等离子体形成等过程,由于多重现象的同时出现,所涉及的过程本身通常相当复杂。大部分现象处于超快时间尺度,均需要新的成像诊断技术。许多过程仍然知之甚少,为了更深入的理解,必须开展进一步的探究。超快光学计量学采用了飞秒激光辐射技术,是实现工艺过程中时间尺度不大于 1ns 时的观察、探测或微纳结构化过程变量测量所需的关键技术。

为了实现从实验室到生产中的转化,新超快应用方法(包括超快加工中所涉

及的工艺过程)必须采用超快光学计量进行把控,这意味着:

(1)预先了解激光诱导过程,如熔化、蒸发或者等离子体形成。

(2)加工过程中工艺参量的可观测性和可操控性。

在当今的生产技术中,超快激光辐射因为工艺复杂并没有得到广泛的应用。利用超快激光辐射,对激光工程中的常规激光辐射进行了附加处理。但其中许多工艺过程是可以忽略的,一些例子如下:

(1)与纳秒激光辐射相比,超快激光辐射在稠密物质和演化等离子体羽流中的吸收时间尺度是分离的。超快激光脉冲与所产生等离子体的相互作用可以忽略。

(2)吸收的时间尺度比物质从固态到气态的相变弛豫时间要小很多,这意味着在吸收超快激光辐射后,物质的激发与材料属性无关。

(3)由于聚焦激光辐射的高强度,物质被瞬间①激发进入等离子体状态。这个新的加工工具"超快激光辐射",在飞秒范围内利用超短脉冲宽度,实现了近乎无熔化的烧蚀。

(4)利用超快激光辐射进行多光子加工,克服了激光辐射加工中吸收依赖波长的典型局限,如钻石、碳化钨等超硬物质,很难用传统铣削技术进行加工,而使用超快激光辐射可以加工通常不可加工的物质。采用飞秒激光辐射的加工特征尺度超出了传统技术的分辨力,如图 1.1 中金属材料的激光打孔。

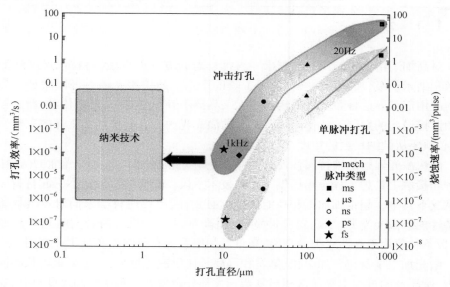

图 1.1　具有不同脉冲宽度的冲击打孔、单脉冲激光打孔和机械打孔中的打孔效率、烧蚀速率与直径的关系[2]

---

①　转换时间小于 10^{-14} s。

超快激光辐射作为一种有效的工具,已经发展到了工程技术的水平。因此,超快工程技术已发展成为机械工程科学的一个新领域。为了将这项技术转移到工业应用,本书所提的超快光学计量这一新领域,将讲述超快激光辐射的诱导过程和探测这些过程所需的技术手段(为了使过程可控)。伴随着吸收、极化、蒸发和电离过程的超快激光辐射与物质相互作用的物理机理将在本书中系统地展开,并将详细阐述超快光学计量中所采用的超快激光辐射的关键特性。

超快光学计量采用泵浦和探测技术,利用激光辐射同时启动和探测一个过程,可获得达 10fs 的时间分辨力和 20nm 及以下的空间分辨力的探测效果。还提出了这一新研究领域的方法和应用:探测辐射的选择和表征是决定一项测量成功的基本准则。

随着对超快光学计量所涉及过程的更深入理解,超快激光辐射技术向高能超快工程方向的转移是可行的。利用超快光学计量,可以通过超精细操作的新技术控制加工过程。由此看来,超快光学计量已经做好了应用在超快工程技术领域中的准备。

1.2　光学泵浦和探测的定义

光学泵浦和探测技术是一种利用激光辐射的测量技术。激光辐射具备两个功能。

(1) 泵浦作用到加工物质上,产生如激发、熔化、吸收、蒸发和电离等。

(2) 探测以监测整个过程。

在光学泵浦和探测技术中,辐射光束可由一个激光光源或者两个激光光源发出。当采用一个激光光源时,辐射光束被分成至少两束光,为了实现监测而使一束光延迟于另一束光(图 1.2)。时间分辨力由激光辐射的脉冲宽度所决定。

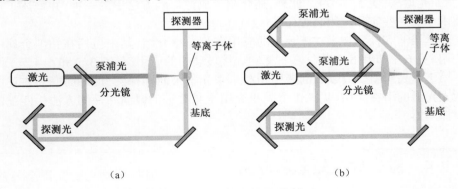

（a）　　　　　　　　　　　　　　　（b）

图 1.2　光学泵浦和探测技术方案
（a）利用一束探测光；（b）利用两束探测光。

利用泵浦和探测装置的超快辐射,能够观测到激光诱导的微纳级结构,其时间分辨力>10as、空间分辨力 20nm。这一方面是由于超快辐射的高时间分辨力,另一方面是由于此辐射的特有属性,如宽光谱分布和相干性。

1.3　指南

接下来介绍用于超快工程中的光学泵浦和探测计量。超快激光辐射这一工具,根据其市场定位来描述(见 1.4 节),讲述了在激光发明之前高速计量的历史,其中在 19 世纪泵浦和探测技术成为主流。随后拉开了激光超快计量的历史篇章。

在第 2 章中介绍超快激光光源的概况。讲述激光光源(见 2.1 节)、聚焦激光辐射的特性(见 2.2 节)和空间上控制和移动光束的工具(见 2.3 节),还包括超快计量的一些重大挑战(见 2.4 节),尤其是光学泵浦和探测技术(见 2.5 节)。

第 3 章讲述激光辐射和物质相互作用的一些基础知识。讨论激光辐射功率密度 $I>10^{12}\,\mathrm{W/cm^2}$ 时的相互作用和非线性过程(见 3.1 节),如激光诱导多光子吸收(见 3.2 节)。在此功率密度下产生的等离子体在激光诱导过程中占主导地位,这主要由于其极端的能量特性(见 3.3 节)。

超快激光辐射是光学泵浦和探测技术的基础工具,第 4 章将讨论此方面的内容。对于泵浦和探测计量来说,超快激光辐射的特性和其经过物质的传输非常重要(见 4.1 节)。激光辐射的条件是 4.2 节的内容。如果发生相干过程,意味着量子态的产生。探测辐射通常被用作照明工具,对于纳米技术应用而言,成像以光学系统的分辨力极限为条件(见 4.3 节)。相对于激发泵浦辐射,通过延迟探测辐射,泵浦和探测技术能够实现对一个过程中不同时间步长的观测。时间延迟的方法和限制在 4.4 节中介绍。

第 5 章介绍了实际应用中的光学泵浦和探测方法,也分析了这种方法的局限。本章内容分为非成像和成像探测两部分。选取非成像探测方法中的一种进行讲解,例如光谱法(见 5.1 节)。此外,还介绍了成像探测方法中的一种,并概述了成像技术中的一些实际应用装置(见 5.2 节)。

光学泵浦和探测技术在工程上的应用在第 6 章介绍,其中包括在钻削金属中的应用(见 6.1 节和 6.2 节),在打标和焊接玻璃中的应用(见 6.3 节和 6.4 节)。

第 7 章是对新研究领域的展望和对未来光学泵浦和探测方法的预测,讲述了新激光光源的潜在应用(见 7.1 节),也介绍了与改进的泵浦和探测方法相匹配的新型探测器。

1.4　激光效应矩阵和应用

超快激光应用是从给定的应用中衍生出来的。就像 Sucha [3] 提出的,如

图 1.3所示,超快激光辐射的特性,如"高速""高功率""带宽""结构化光谱相干"和"短相干长度"等,会驱动多种不同的现象,如烧蚀、太赫兹成像、光学相干断层扫描(OCT)和红绿蓝(RGB)激光器的频率变换等。这些现象带动了相关市场的活跃。从特性到现象再到市场的连锁反应是成倍变化的,表明了超快技术在许多不同领域占据着不断提高的市场份额。

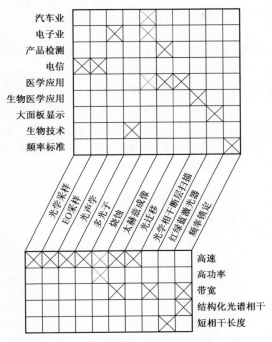

图 1.3 激光属性、技术和应用矩阵[3]

从以上矩阵和市场分析可以得出,超快工程主要由"烧蚀"现象描述,它与超快激光辐射的两个特性密不可分,分别是短脉冲宽度和高峰值功率。烧蚀包括切割、连接和铣削,是传统常规激光光源(如连续 CO_2 和连续 Nd:YAG 激光器)的主要市场应用。超快机械工程中"烧蚀"特性的出现,伴随着几乎无熔化的烧蚀。这为超快激光辐射在微米和纳米技术方面的应用提供了新方法。

1.5　光学超快计量的历史概况

1.5.1　激光出现之前的计量技术

以往光辐射的时间分辨探测主要受到机械快门的限制,导致时间分辨力限制在大约 1ms。自 19 世纪起，通过采用微秒时间分辨力的闪光灯方式，已将高速计量应用在摄影技术中。1834 年机械条纹照相机的使用，带动了高速摄影的发展。机械条纹照相机利用一个旋转镜或移动狭缝系统分光，由于最大扫描速度受到机械特性的限制，从而时间分辨力限制在约 $1\mu s$[4]。高速摄影的首次实际应用，发生在埃德沃德·迈布里奇（Eedweard Muybridge）关于研究马小跑时蹄子是否同时全部离开地面问题的调查中。Muybridge 利用 24 台相机成功的拍摄到了马快速运动时的照片。

1864 年出现了纹影摄影，采用傅科刀口检验（Foucault'knifeedge test）来分析液体流动和传播冲击波[5]。1867 年，奥古斯特·托普勒（August Töpler）利用光触发的此装置，结合约 $1\mu s$ 发射持续时间，可以探测到空气中的声波。

1899 年，时间分辨力约 10ns[6-7]的亚伯拉罕·勒莫瓦纳（Abraham-Lemoine）快门问世，它属于克尔快门（Kerr-Shutter）的一种类型。两个偏振滤光器呈 90° 放置以阻挡所有入射光。在这两个偏振滤光器中放置一个克尔盒（Kerr-cell），当通电时可改变通过光辐射的偏振态，可作为快门使用，通电时间很短，例如一个触发的极短时间通电，可实现一个探测器（如连接到一个成像系统的摄影底片或者一个光谱仪）的充分曝光。

1930 年，第一次在同步电动机的研究中使用频闪仪[8-10]。1960 年也观测出了高速颗粒例如子弹的运动。通过触发，能够获得达 100ns 的时间分辨力。始于1940 年的 Rapatronic 相机，利用两个偏振滤光器和一个克尔盒，突破了相机快门速度的机械限制，使快门速度达到约 10ns，并且应用到了最早核实验的摄影中[11-12]。

1950 年，电子技术的革新带动了基于真空管的光电条纹照相机的发展，此真空管包含一个在辐射后可发射电子的光敏阴极和一个电子探测荧光屏[13-14]。朝着带正电的荧光屏方向，电子在电场中加速运动。通过施加第二个阶跃高压电场，并在正交于电子传播方向的空间上扫描电子，可获得大于 200fs 的时间分辨信息。被扫描的电子束在荧光屏上诱发光辐射，利用普通的摄影方式即可进行探测。

1.5.2 超快泵浦和探测计量

1960 年激光器[15]的发明，开创了物理学中许多新的研究领域和机械工程中的多项新应用，并推动了光学计量的发展。利用 1964 年发明的染料激光器[16]，可获得用于时间分辨光谱学的多波长宽光谱。通过引入锁模[17]，染料激光器已进入超快皮秒领域。超精密光谱更大程度上是由理想连续波模式下激光光源的小谱线宽度实现，而不是通过短脉冲宽度实现（本书中没有介绍）。

超快时间分辨测量在物理、化学和物理化学领域都有很好的应用，在这些领域中选定化学反应的基本时间尺度，可用来预测化学反应的动力学特性。通过瞬态吸收光谱可研究血红蛋白的光合作用,这可以描述为 HbO_2 的一个快速光离解和 HbCO 的一个慢速光离解[18]。超快激光辐射的时域整形,通过冷却 HBr 分子的振动模式而使化学诱导反应和控制成为可能[19-20]。NaI 分解成其组分的过程,可以对其进行测量和模拟[21];在固态物理和电子工程中,载流子动力学和输运已探索到了皮秒时间尺度,这与现代高速设备的操作直接相关[22]。

此外,采用超快激光辐射已开展了在原子尺度和阿秒时间尺度上采用光学泵浦和探测计量方法的超快研究。例如,高次谐波 X 射线阿秒探测辐射已应用在一个 Kr 原子的探测中,此原子在内壳层内被电离并产生一个洞。这个洞与来自外层的一个电子再结合并发射出一个额外的电子,此电子称为一个俄歇电子(Auger-electron)。电子洞产生后第二个激光脉冲用于探测此 Kr 原子,可测量到电子洞 8fs 的生命周期[23-25]。

凝聚态中激光诱发过程的研究带动了许多研究工作的开展。由砷化镓之类半导体材料制作的电子元器件,在信息和通信技术中占据主导地位。这些元件的小型化时至今日还未完成。在这些材料上制作电路的加工工艺正变得越来越困难,这是由于紫外光辐射工艺技术的分辨能力限制而造成的,目前分辨力限制在 60nm。对尺度小于 50nm 的特征生成过程的检测,提高了对其的认知[26]。对金和钽之类金属的光子发射光谱的泵浦和探测,已被用于检测固体表面电子的运动[27-28]。对于硅晶体,用超快激光辐射后,测量出了电子约 100fs 和声子约 50ps 的热驰豫时间[29]。飞秒激光辐射引起砷化镓激发后,采用宽光谱探测辐射技术,基于反射率测量已开展了对复介电函数的研究。复介电函数随时间会发生从半导体到金属特性的转变[30]。

自激光器问世以来,便出现了采用激光辐射作为照明光源的成像技术。这里给出了一些最新的研究成果。已开展了金属冲击钻孔过程中烧蚀羽流的影像技术研究,可揭示等离子体[31]的复杂扩展和运动状态,而利用荧光发射摄影技术[32]还可展现蒸气的复杂扩展和运动。在玻璃上的激光诱导改性,可利用时间分辨干涉测量法[33]、全息技术和散斑干涉测量法进行探测。这些方法结合全固态、气体和准分子激光器的使用,可适用于不同的科研领域中。

所介绍的实验大部分聚焦在科学研究上。为了强调机械工程中的超快计量,在后面章节给出了用于超快计量中的基本定义和解决方法。

第2章
超快工程研究工具

　　用于机械工程中的超快光学计量,在微纳技术如打孔或者结构加工中,常使用脉冲宽度小于10ps的脉冲激光光源,这是因为辐射物质的热负载可以忽略不计,并且生成的部件具有更大的可重复性。

　　接下来将介绍用于机械工程的超快计量,并诠释飞秒激光光源的作用原理,这对于加工和诊断都是必要的(见2.1节)。在微纳技术的应用领域,需要重点关注超快激光辐射。飞秒激光辐射与脉冲宽度 $t_p > 1ps$ 的脉冲辐射一样,存在一个群速度(v_g)和一个相速度(v_p)。但与脉冲宽度大于1ps的脉冲辐射中的 $v_p = v_g$ 不同,由于飞秒激光辐射中的宽光谱分布,群速度和相速度均需另行考虑(见2.2节)。由这些光源所产生的激光辐射被引导到聚焦单元,为了实现对基底物质的加工,聚焦光束需要相对于基底运动(见2.3节)。本章通过介绍时域、空域和谱域,给出了采用飞秒激光辐射进行计量所面临的挑战(见2.4节)。通过对以上域的描述,对光学泵浦和探测技术进行了详细分析(见2.5节)。

2.1　超快激光光源

　　微纳技术所采用的超快激光,是脉冲宽度 $t_p < 10ps$ 的脉冲激光。2.1.1节给出了这些光源的一些通用特性。2.1.2节介绍了用在光学泵浦和探测计量中的超快激光光源的通用特性。用于微纳技术的超快激光器,由一个激光光源和一个放大器(为了更大脉冲能量的应用)组成。飞秒激光振荡器的原理在2.1.3节中讲述。飞秒激光辐射通过啁啾脉冲放大器(CPA)进行放大,此部分内容将在2.1.4节中介绍。某些并不适合工业应用的装置,却对微纳加工和泵浦探测计量表现出了非凡的特性(见2.1.5节)。使用这种装置产生辐射所获得的认知,能够推广到工业应用中。

2.1.1　超精密工程的通用特性

　　超精密工程需要超高精度和高效率的工具。采用超快激光辐射,可以在超快时间尺度上将光能耦合后作用到物质,从而实现光能超精细应用和超高精度。此外,利用激光辐射的超高重复频率还可获得高生产效率。

(1) 剂量。精密测量可基于工作在脉冲宽度小于 10ps 激光辐射下的烧蚀或改性中的高定义阈值来实现。利用光能可以改变物质的属性(见第 3 章)。例如,采用高于烧蚀阈值 0.1% ~ 0.5% 的强度,可重复、准确和非随机地对材料进行烧蚀。当烧蚀速率低于 10nm/脉冲和几何宽度约 1μs 时,纳米结构可产生如"荷花效应"表面的智能拓扑结构。

(2) 精度。由于光能的超快耦合,超快激光辐射的烧蚀和改性几乎与物质的物理和化学组成无关。例如,可忽略的热量传递到金属的周围①,引起了从固态到气态的瞬时相变(见 3.3.2 节)。在多光子过程中,聚焦光束的直径可以大大低于衍射极限的高斯光束直径 $w_{eff} \approx \lambda/n$,$n$ 为多光子因子(见 2.2 节)。与光能的超精细应用相结合,也可实现机械工程的超精密结构。

(3) 效率。就效率而言,超快激光辐射的关键参数是重复频率:对小烧蚀速率的补偿和高精密的要求,都需要兆赫兹量级的高重复频率的激光光源。为了实现高重复频率辐射下高精密的高效生产效率,需要超精密和快速的定位系统(见 2.3 节)。为了保证相对于激光光源的工件定位精度,还需要考虑激光光源的时间和空间光束特性(见 2.2.5 节),如因工作气体诱发湍流而使光束发生偏转,受此影响的光点稳定性等。

(4) 工业需求。长期稳定性、低维护、简易操作和经济实惠是超快激光器工业应用的几个主要特性。自从采用激光二极管作为泵浦源和从光纤技术中的获益,近几年来激光光源的稳定性和耐用性得到了提升。目前出现了多样的激光器概念:"经典"放大二极管泵浦固态激光系统正发展为现成的解决方案,满足着工业环境中越来越多的需求。棒状晶体几何结构的超快固态激光器,一直使用传统的技术,这意味着掺钛蓝宝石(Ti:sapphire)激光系统通常由频率转换调 Q 的掺钕离子的氟化钇锂(Nd:YLF)激光器进行泵浦。此外,超快光纤激光器由于"简易"设计、装配和免调试结构,正向着免维护的方向发展。新激光材料带动了材料科学发展,高重复频率且大于 1μJ 脉冲能量的光纤激光器也正在发展应用中。可靠性的提高,使技术转化成产品的成本降低。如今市场上可买到的超快激光器的脉冲能量受限在 100μJ 以内。

2.1.2　用于超快计量的超快激光器通用特性

超快计量需要一个具有多方面特性的工具:对于快速演变过程的摄像来说,需要具备超快脉冲宽度的激光辐射;对于光谱应用来说,需要产生和分析超连续光谱

---

① 热影响区(HAZ)<100nm。

（带宽）。用于计量的超快激光辐射的独特特性强调如下：

（1）时间分辨力。超快激光辐射最显著的特性就是高时间分辨力。当使用一些方法（如采用超快脉冲宽度低于 1ps 的摄影术）来观测"传统"机械工程（如切割、打孔和铣削等）中的大多数处理过程时（如加热、熔化、蒸发和等离子形成），会发现这些过程是"冻结"的。通过将探测源从脉冲宽度大约 1μs 的闪光灯更换为脉冲宽度缩小到 5fs 的脉冲激光辐射后，泵浦和探测技术得到了长足发展。

（2）峰值功率。当峰值功率 P_p 达兆瓦级的激光辐射聚焦到微米量级光斑尺寸时，多光子过程启动并发挥着重要作用。考虑到峰值功率的定义 $P_p \approx E_p / t_p$，利用脉冲宽度小于 100fs 且脉冲能量为 100nJ 的激光辐射，可以很容易产生这一量级的峰值功率。将此峰值功率的激光辐射聚焦，可获得的聚焦光强为 1TW/cm² ～ 1PW/cm²。与此光强相关的电场，能够通过强场电离和多光子电离将原子电离。这些电子的进一步加速能够引发远处原子的雪崩电离，随后生成新的离子和电子。

（3）光谱。对于光子来说，能量和时间的海森堡不确定原理

$$\Delta E \cdot \Delta t \geq \hbar \qquad\qquad (2.1)$$

可转化为 $\Delta E \cdot t_p \geq 1$。这一原理表明：超快激光辐射的脉冲宽度 t_p 所给定的高时间确定性导致了宽光谱结果。例如，脉冲宽度 100fs 的激光辐射在中心波长 800nm 处的光谱宽度约为 20nm。将脉冲宽度降低为 5fs 后，相应光谱宽度增加为大于 100nm。

（4）光谱相干性。超快激光辐射的一个特性是激光辐射的固有相干宽光谱。在一个时间平均的光谱仪中，具有波峰间距的"梳状"光谱表征了激光辐射的重复频率。频率测量是一个主要领域，其中的频率梳相干特性最为重要，将很快推广到生产中。

（5）时间相干性。超快激光辐射的时间相干性与脉冲宽度相关联。相干长度定义为 $L_c = \lambda^2 / \Delta\lambda$，其中 $\Delta\lambda$ 为光谱宽度，相干长度与谱宽变换有关。同时，

$$L_c \approx ct_p \qquad\qquad (2.2)$$

式中：t_p 为激光辐射的脉冲宽度。

（6）相位相干性。相干相位是指其中的两个信号相互具有确定的相位关系或者还有第三个信号，此信号可作为参考。具有稳定载波包络偏移（CEO）的激光辐射呈现出一个固定相位。与光脉冲相关的电场的时间依赖性，可描述为一个称为载波的快速正弦振荡和一个更慢变化的包络函数①的乘积。

为了更深入理解这些基本原理，此类光源的设计和研发等信息请参见文献[3,34-35]。一般来说，超快激光光源是由至少一个激光振荡器和可选择的一个

---

① http://www.rp-photonics.com/

或多个放大器组成。用于微纳加工的超快激光振荡器的典型重复频率为 10 ~ 100MHz。因此一个平均功率 0.1 ~ 1W 的激光振荡器可产生 1 ~ 10nJ 能量的脉冲激光辐射。这个脉冲能量足够用于,如利用皮秒激光诱导声波的薄膜计量、探测传热或载流子动力学的实验和光谱学等诸多方法中。通常此脉冲能量用于材料改性是不够的,除非激光辐射经过高数值孔径显微物镜进行强聚焦。利用低重复频率 10MHz 量级的"扩展腔振荡器",可获得更大的脉冲能量,但是此技术目前局限为市场上掺钛蓝宝石(Ti:sapphire)激光器小于 100nJ 的脉冲能量和掺镱钨酸盐(Yb: tungstate)激光器小于 1μJ 的脉冲能量。在材料加工中,来自激光振荡器的激光辐射必须经过放大使能量达到大于 1μJ[36]。

2.1.3 激光振荡器

锁模激光振荡器可产生脉冲宽度小于 10ps 的激光辐射。可通过自诱发过程,也称为被动效应,如增益介质中的克尔透镜(KLM),也可利用附加脉冲锁模(APM)或者一个可饱和吸收体,将激光腔中激光辐射的纵模相位锁定。高重复频率的超短脉冲激光辐射可经锁模产生,并由光腔的长度决定。

这些固态振荡器的典型重复频率约为 100MHz。对于脉冲宽度大于 1ps 的激光辐射,采用的是直接半导体二极管泵浦的基于棒、光纤和薄片几何结构增益介质的固态激光器系统。典型介质是掺钕钇铝石榴石(Nd:YAG)、钕玻璃(Nd:glass)、掺钕钒酸钇(Nd:YVO₄)、镱玻璃(Yb:glass)、掺镱钇铝石榴石(Yb:YAG)和掺铬氟化铝锶锂(Cr:LiSGAF)(如图 2.1 和表 2.1 所列)。

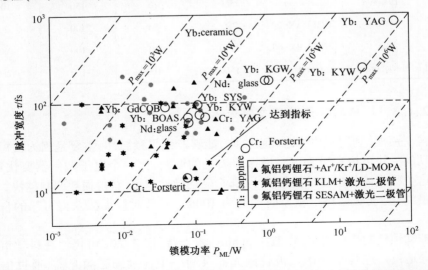

图 2.1 脉冲宽度、峰值功率和锁模功率的重复频率 100MHz 超快固态振荡器的分布图[35]

表 2.1　基于棒和光纤晶体几何结构的商用激光振荡器

制造商		型号	中心波长/nm	重复频率/MHz	脉冲宽度/fs	平均功率/mW
棒	Amplitude	t-Pulse 500	1030	10	<500	5000
	Coherent	Chameleon Ultra	850	80	140	2500
	Coherent	Micra	800	78	100	300
	Coherent	Vitesse 800	800	80	100	750
	Del Mar	Mavericks	1250	76	65	<250
	Del Mar	Trestles Series	820	83	>20	<2500
	Femto Lasers	FemtoSource20S	800	80	20	900
	Femto Lasers	Synergy	800	75	10	400
	High-Q	FemtoTRAIN Nd	1060	72	200	100
	High-Q	FemtoTRAIN Ti	800	73	100	200
	KMLabs	Cascade	795	<80	>15	100
	KMLabs	Graffin	790	90	>12	450
	MenloSystems	Octavius	800	1000	6	330
	Newport	MaiTai HP	800	80	100	<2500
	Newport	Tsunami	800	80	100	<2700
光纤	Clark MXR	Magellan	1030	37	200	40
	Dek Mar	Buccaneer	1560	70	150	100
	IMRA	ULTRA AX-20	780	50	100	20
	IMRA	ULTRA BX-60	1560	50	100	60
	MenloSystems	C-Fiber	1560	100	100	250

2.1.3.1　棒状和薄片固态激光器

被动锁模(利用一块可饱和吸收体)能够产生飞秒脉冲,主要是因为被短脉冲所驱动的一块可饱和吸收体对谐振腔损耗的调制,比一个电子调制器要快得多。只要这个吸收体的恢复时间足够小,那么驱动脉冲越短,获得损耗调制越快。脉冲宽度最终达到,吸收体的恢复时间约为100fs。有些时候无法获得可靠的自启动锁模。

被动锁模的掺钛蓝宝石(Ti:sapphire)激光器(图2.2(a))仍然在科学市场占据主导地位。连续半导体二极管激光器泵浦一个连续固态激光器,通过倍频后(波长532nm)再泵浦掺钛蓝宝石振荡器(图2.2a)。谐振腔设计为被动锁模,称为软光阑克尔透镜锁模,以此获得一个稳定的脉冲调制而没有采用硬光阑[37]。掺钛蓝宝石晶体的泵浦波长为532nm,泵浦功率约5W。为了得到输出超短脉冲的激光谐振腔,采用色散补偿镜 M1～M7[38],建立了围绕晶体的一个折叠腔。利用添加氟化钡基底的 P 和 W 可微调色散①。对于掺钛蓝宝石,光谱宽度大于 100nm 的激光辐射可获得的脉冲宽度远小于 4fs[39]。

如今,被动锁模超快激光振荡器被用在了时刻测定上,这是因为谐振器长度和载波包络偏移(CEO)的稳定性可获得非常精确的往返时间。将超快激光辐射聚焦到一个介电材料上,如石英光纤或者光子光纤,会产生超宽连续白光(见 3.1节)。由多脉冲叠加可生成频率梳,用作未知频率辐射的标尺:梳中的一个已知频率将在未知频率中引发一个可检测的拍频模。采用一个简单的光电二极管[1]即可测量出这一拍频模。

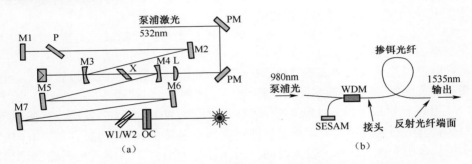

图 2.2　一个掺钛蓝宝石固态振荡器(a)和一个掺铒锁模光纤激光器(b)

2.1.3.2　光纤振荡器

超快激光技术的优势,例如精确频率计量[40]、采用 CEO 的绝对光学相位控制[41-42]和相干频率梳的产生[43-44],如今能够通过超快光纤激光振荡器来实现(表 2.1)。

被动锁模振荡器不需要调制器,而是利用自身在振荡脉冲振幅上作用实现锁模,例如 SESAM②(见图 2.2)。附加脉冲锁模[45-46]是一种被动锁模技术,如应用在光纤激光器中,用来产生具有飞秒脉冲宽度的短脉冲。附加脉冲锁模的基本原理是在一个光学单模光纤中,通过利用非线性相位移动获得一个人为的饱和吸收体。

①　http://www.iqo.uni-hannover.de/morgner/tisa.html
②　半导体技术制作的半导体饱和吸收镜。此装置包含一个布拉格反射镜和(接近表面)一个单量子井吸收层

为了实现仪器化和作为高功率放大器种子源的应用,被动锁模光纤激光器面向不需要较大功率和良好脉宽谱宽乘积（PBP）的应用系统[3]。利用超快光纤激光器产生更大脉冲能量的激光辐射,可通过被动锁模多模光纤激光器获得。光纤振荡器工作在 $1.56\mu m$,能够倍频产生波长约 800nm 的激光辐射,此波长是目前许多超快工程应用的发射波长。

2.1.4 放大器

2.1.4.1 放大介质

20 世纪 60 年代中期,超快振荡器开始发展,20 多年来超快激光辐射放大能力的提升,已然成为一个极具难度的目标。在 1985 年,伴随着脉冲啁啾放大（CPA）技术的发展,出现了高强度超快激光器[47]。

20 年后,来自一些供应商（表 2.2）的掺钛蓝宝石脉冲啁啾放大器,能够产生重复频率 1kHz、能量 $1\sim2mJ$ 的光脉冲。在材料去除和改性的诸多应用中,需要一些脉冲能量毫焦量级的更高重复频率（大于 100kHz）的激光。由二极管激光器直接泵浦的放大器,其相对简单的特性驱动了基于掺钕钇铝石榴石（Nd:YAG）、钕玻璃（Nd:glass）、铒玻璃（Er:glass）和掺镱钨酸盐（Yb:WO$_4$）系统的发展。这些系统相对掺钛蓝宝石来说[36],有可能发展成更紧凑更经济的设备,同时具备更有限的输出波长范围和更大的脉冲持续时间。用在计量上的台式超快激光系统,所发射激光辐射的脉冲能量小于 1nJ。目前,激光辐射脉冲能量大于 1J 的激光器可用于相对论光学现象的研究,称为电子的等离子体尾波场加速,终有一天会取代 X 射线作为同步加速器的光[48-50]。基于掺钛蓝宝石 CPA 技术的脉冲能量远大于 1J 的商用激光器系统,可做到脉冲能量 $E_p<100J$。多光束线的激光装置已建立,可产生重复频率 $f_p \ll 0.05Hz$ 和脉冲能量<1kJ 的超快激光辐射。

表 2.2　基于棒和光纤晶体几何结构的商用激光放大器

制造商		型号	中心波长 /nm	重复频率 /kHz	脉冲宽度 /fs	平均功率 /W
棒	Amplitude	s-Pulse	1030	10	400	1
	Clark-MXR	CPA 2210	775	2	150	2
	Coherent	Legend Elite fs	800	1~3	130	1
	Coherent	Legend Elite ps	800	1~5	500~2000	3
	Coherent	Legend Elite ultra	800	1~5	35	3
	Coherent	Legend H E Cryo	800	1~5	50	25

制造商		型号	中心波长 /nm	重复频率 /kHz	脉冲宽度 /fs	平均功率 /W
棒	Continuum	Terawatt	800	0.01	100	2
	Femto Lasers	FemtoPower	800	1.3	10,30	1
	High-Q	femtoREGEN	1035	1~40	300~600	1
	High-Q	picoREGEN	532,1064	0~100	12000	10
	KMLabs	Dragon	780	1~10	30	30
	KMLabs	Wyvern	800	50~200	50	2
	Newport	Solstice	800	1,5	100	2
	Newport	Spitfire Pro	800	1,5	35,120,2000	5
	Quantronix	Cyro Amplifier	800	1	30~120	12
	Quantronix	Integra-C	800	1	40	3
	Quantronix	Integra-HE	800	1	40	7
	Quantronix	Odin Ⅱ	800	1	30	3
	Thales	Alpha 1000s	800	1~10	100	5
	Thales	FemtoCube	785	1~10	30~100	2.5
	Thales	Bright	785	1~5	120	1.5
光纤	Clark-MXR	impulse	1030	0.2~25	250	20
	Fianium	Femtopower 1060 XS	1064	40	300	5
	IMRA	μJewel1000	1045	0.2~5	350	1.5
	Polaronyx	Uranus 3000	1030	0.01~0.05	500	1
	Polaronyx	Uranus 2000	1030	0.01~0.1	600	1

2.1.4.2 脉冲啁啾放大器(CPA)

在一个脉冲啁啾放大器中，首先在放大前利用衍射光栅对在时间上展宽光脉冲，然后经放大后在时间上压缩此脉冲(图 2.3)。所有这些激光光源都是基于主振荡功率放大器原理(MOPA)：由工作在高重复频率 10~100MHz 的一个超快激光振荡器，称为种子，产生小脉冲能量 1~10nJ 的激光辐射。从这一激光辐射中，在更低重复频率下提取出一个脉冲。由最终脉冲能量所决定的重复频率，在脉冲能量小于 1mJ 时的 10^4 Hz 到脉冲能量远远大于 1kJ 时的 10^{-4} Hz 之间变化。经过至少一个或多个放大系统，种子辐射被放大。脉宽大于 100ps 的 MOPA 激光系统和超快激光系统的主要区别,在于超快激光辐射可产生高于光学材料阈值强度的高峰值强度。为了避免放大器光学元件的损坏,在放大之前将激光辐射的脉冲宽度扩展到数百皮秒从而使峰值强度降低。展宽脉冲可利用衍射光栅、棱镜或者色散光纤实现。在放大后,利用光栅或者棱镜压缩使脉冲宽度再降低。由此即可承受高脉冲能量和短脉冲宽度的激光辐射所产生的高强度。在强度大于 $10^{12}\,W/cm^2$ 时,放大的激光辐射需要借助真空光束管道传输。

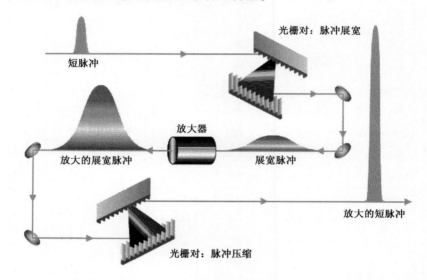

图2.3　脉冲啁啾放大(CPA)原理:利用光栅和放大器的超快激光辐射的展宽和压缩

2.1.4.3　光学参量脉冲啁啾放大(OPCPA)

脉冲啁啾放大概念的提出,最初是为了利用激光放大器实现超短脉冲的放大,但很快发现它同样适用于光学参量(OPA)放大。在高脉冲能量下,这也得益于通过放大时间展宽脉冲所引起峰值强度的剧烈降低。

与基于激光增益介质的传统脉冲啁啾放大相比,OPCPA 具有许多重要的优势:

(1)单次通过一个非线性晶体的参量增益可达几十分贝,因此 OPCPA 系统需要较少的放大级(经常仅一个),通常并不需要复杂的多程结构,其结构更为简单和紧凑。

(2)在很宽的波长范围内均有可能实现参量放大。

(3)通过优化相位匹配,可实现很大的增益带宽,进而可产生几飞秒的高能量脉冲。

尽管采用高非线性准相位匹配晶体可实现中等泵浦脉冲能量的高增益,但所产生激光辐射的脉冲宽度大于 100fs,能量在微焦到毫焦范围。此系统能做到高紧凑、高性价比和高效能[①]。

2.1.4.4 放大器设计

根据放大等级,所采用放大器系统的设计有多种方法:

(1) 利用激光辐射时间叠加的再生放大。

(2) 利用激光辐射空间叠加的多程放大。

(3) 利用光纤或者激光二极管部分端面泵浦混合腔板条激光(innoslab)放大器的单程放大。

在一个光学谐振腔中放置增益介质,并与一个光开关相结合,可产生再生放大。此光开关通常利用一个电光调制器和一个偏振器来实现(图 2.4(a)[②])。在放大过程中,激光辐射多次通过增益介质。在放大之前光开关将脉冲注入放大器,然后将其耦合输出。由于在谐振腔中的往返次数可由光开关控制,能够做到很大,因而通过清空在多次往返中激活的材料内部所有储能,便可获得一个非常高的总放大系数。激光脉冲的往返次数控制了放大范围在 $10^5 \sim 10^6$。由于普克尔盒和法拉第光隔离器的小损伤阈值,只有腔内脉冲能量达到 10mJ 的脉冲能够被放大。

利用非稳腔几何结构可构造多程放大器系统。从种子源发出的激光辐射多次经过激光介质,激光辐射每经过一次以 $3 \sim 10$ 倍逐步被放大(图 2.4(b))[51]。通过次数受限于所设计的几何结构和将所有光线聚焦在介质增益区内所增加的难度。通过次数常限制在 $4 \sim 8$ 次。为了更高的增益,可将几个多程放大器串联。利用频率转换调 Q 的激光辐射泵浦晶体以获得增益,利用单程放大系统可实现高脉冲能量和峰值功率的放大。为了降低损坏的可能性,光线传输路径要抽真空且光束直径增大到 50cm。电光元件如普克尔盒、薄膜偏振片、法拉第旋光器和透镜会引起非线性色散,例如群速度色散(GVD)和三阶色散(TOD)(见 3.1.1 节)。放大后激光辐射的脉冲宽度需要压缩。根据超快激光辐射的光谱宽度,利用光栅或者棱镜进行压缩。小光谱宽度,例如 $\Delta\lambda \approx 25\text{nm}$ 在波长 800nm 时满足 $\Delta\omega \approx 11\text{THz}$,最小脉冲宽度为

$$\Delta t = \frac{2\pi K}{\Delta \omega} \approx 166\text{fs} \tag{2.3}$$

式中:在双曲正割[②]光强分布时 $K \approx 0.3$ [52]。利用光栅或者棱镜压缩器可补偿光学材料的群速度色散(GVD)。棱镜压缩器可用于三阶色散(TOD)的低损耗补偿。光学材料通常具有正三阶色散(TOD),不能通过光栅压缩器得到补偿。

---

① http://www.rp-photonics.com/optical_parametric_chirped_pulse_amplification.html

② http://www.rp-photonics.com/regenerative_amplifiers.html

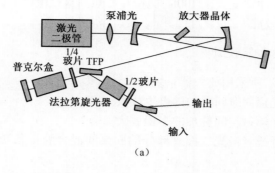

（a）

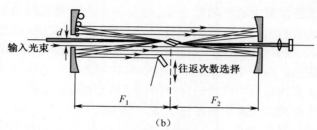

（b）

图 2.4 一个再生放大器（a）和一个多程放大器（b）的原理图[51]

光纤放大器作为一个掺镱和铒的激光激活掺杂物使用。使用比铒更合适的掺杂物镱,产生了高功率大能量的超快脉冲辐射。掺镱光纤的主要优势在于:

（1）更宽的放大范围（50～100nm 相比 10～30nm）。

（2）更高的光学泵浦效率（60%～80%,相比 30%～40%）。

已报道一个全光纤掺镱 CPA 发射激光辐射,脉冲宽度约 220fs 和脉冲能量 100μJ[1]。主要装置包含一个振荡器、一个外部脉冲展宽器、三个放大级和一个外部脉冲压缩器（图 2.5（a））[3]。从一个稍微复杂装置获得的输出能量达到 E_p = 1mJ（图 2.5（b））。此装置包含一个基于光纤的振荡器、一个衍射光栅展宽器、一个三级镱光纤放大器链（每级间有两个光闸）和一个衍射光栅压缩器。在重复频率 f_p = 1667Hz 时,未压缩的激光辐射具有的脉冲能量 E_p = 1.2mJ,压缩后脉冲宽度 t_p = 400fs[3]。

高功率连续光纤激光器在汽车工业生产线上用于钢材的切割、焊接等,紧随其后的是脉冲光纤激光器的工业化发展。由于高峰值功率的激光辐射在激光器光学元件上所引发的非线性过程的存在,使光纤激光器的许多新技术应用得到了发展。

例如,已报道了一个 50W 亚皮秒光纤啁啾脉冲放大系统,可产生重复频率 1MHz 的 50μJ 激光脉冲[53]。为了满足精细高速微加工的需求,此系统具有一个包含光纤展宽器和 1780l/mm 电介质衍射光栅压缩器的实用系统配置,实现了在金属、陶瓷或者玻璃上大于 0.17mm³/s 的烧蚀效率。

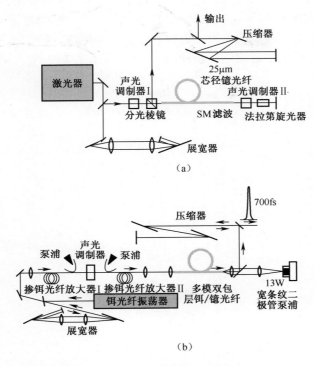

图 2.5 双程(a)和三级放大器掺镱高能量光纤 CPA(b)[3]

Innoslab 放大器是光纤放大器的一个不错的替代方案,它是由弗劳恩霍夫激光技术研究所(Fh-ILT)研发的[54]。一个 Innoslab 放大器包含一个纵向放置、部分激光二极管泵浦的板条晶体[55]。泵浦增益体积和大冷却表面之间的短距离可实现有效的散热。板条内部线形泵浦截面与激光二极管的光束特性相匹配。所设计 Innoslab 放大器的单程增益因子为 2~10。在一个共焦腔内,9 次通过板条晶体可获得的放大因子为 1000[56-57]。尽管如此,Innoslab 是单通放大器,在每个通道中增益体积的一个新部分都是饱和的。在 Innoslab 放大器中,每次经过板条的光束扩展与功率和强度的增加相平衡。

在重复频率 76MHz 的准连续和重复频率 0.1~1MHz 的脉冲操控下,分别提出了采用 Innoslab 放大器实现超快激光辐射放大的两种概念:

(1)超快激光辐射的脉冲啁啾放大器(CPA)是已建立的避免光学损坏和辐射非线性效应畸变的一项技术。为了得到高展宽因子,使用了自由空间电介质光栅装置。这些光栅能够承受非常高的平均功率(>8kW),但平均功率到 100W 范围需要相当大的额外运行成本。重复频率大于 10MHz 的超快激光辐射作为种子的 Innoslab 放大器,不需要 CPA 技术[56](图 2.6)。因为光路中只用了少量的材料,可获得接近转换极限的超快激光辐射,其平均功率为400W、脉冲宽度为682fs。若要获得大于>300W的平均输出功率,需要 $P_{pump}=800W$ 的泵浦功率,此泵浦功率由各包含4个平行激光二极管巴条的两个水平激光二极管阵列产生。泵浦辐射经过一个慢轴匀化的平面波导,最终传输到激光板条晶体中。

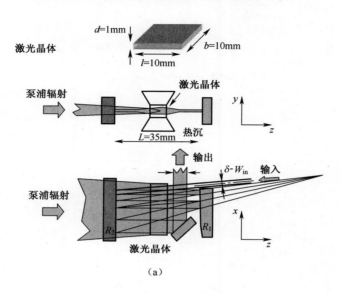

（a）

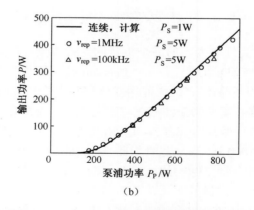

（b）

图2.6　一个Innoslab放大器的光束传输原理(a)
和输出功率与泵浦功率、重复频率的关系(b)[56]

（2）采用与上述Innoslab放大器相似的结构,但利用一个更小重复频率0.1~1MHz的超快激光辐射作为种子,并使用CPA技术可产生平均功率420W的超快激光辐射,且在0.1~1MHz重复频率下脉冲宽度为720fs[57]（图2.6(b)）。采用Innoslab放大器,平均功率前沿已被扩展到千瓦量级(图2.7)。

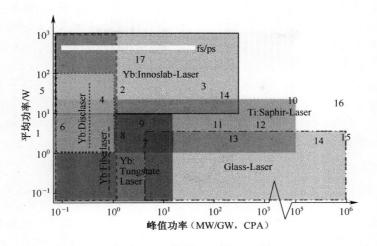

图 2.7 现有的高功率超快激光器

1—Jenoptik；2—Time-Bandwidth；3—Trumpf；4—Corelase；5—IAP FSU Jena；6—PolarOnyx；
7—Univ. of Michigan；8—Amplitude Systems；9—Light Conversion；10—APRC Japan；
11—Coherent；12—MBI Berlin；13—Spectra-Physic；14—Thales 100/30；15—NOVA（LLNL）
Phelix（GSI）Vulcan（RAP）；16—POLARIS（FSU Jena）；17—Innoslab（Fh-ILT）[58]。

2.1.4.5　商用系统

具有高脉冲能量和低重复频率的激光系统大多数用于学术用途，并且一般基于固态棒状几何结构（图 2.7）。常见超快激光系统的高脉冲能量范围为 1mJ～100J，主要基于 Ti：Sapphire、Nd：Glass、Yb：Glass，或者 Cr：LiSAF 等激光介质（表 2.2）。这些激光系统能够产生脉冲宽度小如 5fs 的激光辐射。利用特殊属性（见 2.1.2 节）超快辐射的泵浦和探测实验已开展应用。例如，利用飞秒 X 射线反射测量法[59]对激光诱导晶体熔化的时间分辨观测，或者利用阿秒 X 射线光谱法的时间分辨原子动力学研究[23,24,60]。

能够应用在工业生产线上的激光器系统，完全封装了基于直接二极管泵浦再生放大系统的皮秒或者飞秒激光器系统。这些系统利用如 Yb：KGW 晶体产生飞秒激光辐射。Ti：Sapphire 激光器系统在长期运转下也变得越来越稳定。这些系统均需要一个绿光光谱范围内的泵浦源，目前已通过倍频脉冲或者连续的 Nd：YLF/Nd：YAG 或者 Yb：VO_4 激光器获得。然而这种复杂性的增加也会成为另一个失败的来源（表 2.2）。

高重复频率对于高生产效率来说是必须的，但是目前在高脉冲能量下还无法实现。通常在小的相互作用范围内启动和研究超快加工。满足工业需求的金属加工，例如，使用小脉冲能量（$\ll$ 1mJ）的超快激光辐射进行加工。增加约 100kHz 的重复频率需要对激光器系统进行重新设计。普克尔盒决定了频率极限,其可实现的最大响应频率为几百千赫兹。放大级中的声光调制器是解决这一问题的一种方法。另一方法是调制种子激光辐射,在一个多程或光纤放大器的放大之前,降低种子激光辐射的重复频率从几百兆赫兹到几百千赫兹。

工业激光器系统必须全部封装,以做到对环境的影响不敏感。薄片作为激活介质是一种极具吸引力的晶体棒替代品,可在 40~60MHz 重复频率下产生小于 1ps 脉冲宽度和 50W 的平均功率。薄片由于自身非常薄,能够完全控制热预算,从而可产生高质量超快激光辐射,且由于无辐射热畸变而具有可扩展性①。

2.1.5 装置

目前常见激光器系统是脉冲能量达 5J 的 Ti：Sapphire 激光器系统和脉冲能量达 1.8MJ 的针对高端系统的 Nd：glass 激光器系统。也可产生峰值功率超过 1PW 的激光辐射,例如 LIL(laser integration line) 的 Megajoule 激光器或者 LLNL(劳伦斯利弗莫尔国家实验室) 的 Petawatt 激光器(图 2.7)。上述提到的激光器系统是用于基础研究的单发激光。

高脉冲能量达千焦和未来达兆焦的激光辐射主要用于基础研究中。这些系统并不适用于微纳加工的工业化实现。确切地说,一些特殊的课题研究只能利用这些设备才能开展,这是由于这些设备可选波长的宽波段特性,此宽波段处于强度小于 10^{22} W/cm^2 且在 1nm~10μm 的范围内。更多信息请查阅附录 D。

2.2 超快激光辐射聚焦

工程师和研究人员已经越来越多地与激光辐射和光学系统打交道。激光辐射经光学系统的传输理论就显得尤为重要。超快激光辐射成功应用的一个重要因素是辐射参数的精确定义[61]。

需要光学元件进行激光辐射的聚焦。对超小焦点的需求在 2.2.1 节中介绍。工业超快激光光源所发射的激光辐射可近似为高斯辐射,详见 2.2.2 节。激光辐射的相关参数在 2.2.3 节中讲述,其中对高斯光束的描述中包含了光束质量的介绍,光束质量是影响聚焦的一个重要参数。并不像"传统"脉冲辐射中脉冲和相位波前的速度相等,当超快激光辐射经过介质传播时,相位和脉冲波前的速度都需要考虑,见 2.2.4 节。强聚焦中场和偏振的标量波动方程不再适用,必须用一个矢量描述来代替。加工精度由焦点直径和光束定位稳定性决定,这部分见 2.2.5 节。

---

① http://www.timebandwidth.com/

超快激光辐射用于计量中的关键参数在 2.2.6 节中给出。

2.2.1　超小激光聚焦

超快激光辐射的聚焦是利用光学元件如透镜、物镜、反射镜以及它们的组合而实现。用于聚焦激光辐射的光学定律将在线性和非线性光学场中介绍[62]。

激光辐射可通过折射、衍射和反射物镜聚焦。反射物镜具有无色差的特点。另一方面,反射物镜需要大设计量,因为激光辐射需要在非透射镜旁传输,例如,Schwarzschild 物镜,采用的是一个聚焦主镜和一个从镜。另一个解决方法是使用离轴抛物面镜,缺点是增大的聚焦长度 $f>100\text{m}$。

光学相关知识讲述了光场和激光辐射的传输。通常为了简化,只介绍非偏振和空间上圆形高斯强度分布的傍轴传输[61-63]。辐射传播限制在连续辐射和脉冲低强度辐射。它用单色线性光学来描述,而超快激光辐射则必须用全色全像差多色线性光学来描述。另外,还介绍了时空脉冲波形、分布和脉冲、相位波前的速度[64-66]。不大于 $1\mu\text{m}$ 的超小聚焦是电磁场和偏振的一个矢量描述的表征[67]。

非线性光学与物镜的激光辐射聚焦定律无关,但与在高强度辐射下表现出非线性特性的物质有关。在这种情况下,物质一方面是指环境,如空气或者加工气体,另一方面是指处于观测下的基底。更多内容见 3.1 节。

2.2.2　高斯光束

由于高斯辐射是在傍轴近似条件下成立的(称为高斯光学),当波前倾斜与传输方向的夹角大于 30°时,采用一个高斯光束的传输描述便不再成立[68]。高斯束的辐射传输描述只有在激光辐射束腰大于 $2\lambda/\pi$ 时有效。在非高斯光束的情况下,必须采用数值方法进行光束传输的计算。

商业化飞秒激光器发出的电磁辐射可近似为高斯辐射,其横向电场和强度分布可由高斯函数表示。许多激光器都发出具有空间高斯分布的激光辐射,称为"TEM$_{00}$模"或者近轴波动方程的高阶解,称为高斯-厄米(Gauss-Hermite)或高斯-拉盖尔(Gauss-Laguerre)模。当经透镜折射时,一个高斯分布的辐射会转换成另一个不同的高斯分布辐射。

高斯函数是标量亥姆霍兹方程近轴 SVE 近似条件下的一个解,代表了电场分量的复振幅。以 V/m 为单位测量,距离中心为 r,距离束腰为 z,高斯辐射电场复振幅的表达式为

$$E(r,z) = E_0 \frac{w_0}{w(z)} \exp\left(\frac{-r^2}{w^2(z)}\right) \exp\left(-ikz - ik\frac{r^2}{2R(z)} + i\zeta(z)\right) \quad (2.4)$$

式中: $k = 2\pi/\lambda$ 为波数(rad/m)。$w(z)$ 为光束半径; $R(z)$ 为波前曲率半径, $\zeta(z)$

为 Guy 相移,已在 2.2.3 节中详细说明。

对应的光强时间平均值为

$$I(r,z) = \frac{|E(r,z)|^2}{2\eta} = I_0 \left(\frac{w_0}{w(z)}\right)^2 \exp\left(\frac{-2r^2}{w^2(z)}\right) \tag{2.5}$$

式中:E_0,I_0 分别为光波束腰中心处的电场振幅和强度,$E_0 = |E(0,0)|$,$I_0 = I(0,0)$;常数 η 为

$$\eta = \sqrt{\frac{j\omega\mu}{\sigma + j\omega\varepsilon}} \tag{2.6}$$

式中:η 为光波传播所在的介质特性阻抗,在真空中 $\eta = \sqrt{\frac{\mu_0}{\varepsilon_0}}$。

一般来说,高斯光束的聚焦半径,也称为束腰 w_0,与光学系统的波长 λ 成正比,并与数值孔径(NA)成反比。或者可利用聚焦长度 f 和物镜前光束半径 w_L 表示,即

$$\begin{cases} w_0 \propto \dfrac{\lambda}{NA} \\ w_0 \propto \dfrac{\lambda f}{w_L} \end{cases} \tag{2.7}$$

为了引起物质中非线性过程的发生,辐射强度必须大于 $10^{10}\,W/cm^2$。为了达到超精细材料加工所需的强度,超小的激光焦点使得所采用的光能也小。一个超小焦点导致了一个超小的聚焦体积,即

$$V_F \approx \frac{z_R \pi w_0^2}{4} = \frac{\pi^2 w_0^4}{4\lambda} \tag{2.8}$$

其中瑞利长度(图 2.8)为

$$z_R = \frac{\pi w_0^2}{\lambda} \tag{2.9}$$

激光辐射需要经过镜片准直、整形和传导进入一个聚焦系统中。与普通辐射不同,超快激光辐射与单色激光光源相比需要引起更多的关注。由于超快激光辐射的宽光谱,单一光学元件如电介质镜和透镜,只在小带宽中一个波长处针对激光辐射有所校正,由于色差的产生使得单一光学元件根本不能用。当采用高峰值功率的超短脉冲激光辐射作用在物镜上时,激光与光学材料的非线性相互作用就会发生。当光学特性发生变化,例如透射率或者空间折射率分布,光学材料也随之退化。最终,在光学元件中激光辐射被吸收,或者由于自聚焦,激光辐射灾难性的聚焦在了光学元件内部。通常在超快激光被聚焦时,需要考虑 GVD 和 TOD(见2.2.3 节和 3.1.1 节)。

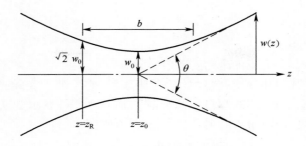

图 2.8　高斯光束的各参数

2.2.3　高斯光束参数

高斯辐射由光束参数来表述(图 2.8)：

(1)光束半径 w；

(2)瑞利长度 z_R。

接下来将定义这些参数。在自由空间传播的一个高斯强度分布的激光辐射，可由光束半径 $w(z)$ 这一参数描述，光束半径(光斑大小)具有一个最小值 w_0。距离束腰 z、波长 λ 的激光辐射的光束半径定义为

$$w(z) = w_0 \sqrt{1 + \left(\frac{z}{z_R}\right)^2} \qquad (2.10)$$

式中：$z=0$ 处为束腰 w_0 的位置；z_R 为瑞利长度。

光束半径或光斑大小定义为振幅和强度分别降低到 $1/e$ 和 $1/e^2$ 时对应的半径。距离束腰 z_R 处，光束半径 w 为

$$w(\pm z_R) = w_0 \sqrt{2} \equiv w_R \qquad (2.11)$$

高斯光束的焦深或者共焦参数定义为

$$b = 2z_R = \frac{2\pi w_0^2}{\lambda} \qquad (2.12)$$

组成光束的波前曲率半径为

$$R(z) = z\left[1 + \left(\frac{z_R}{z}\right)^2\right] \qquad (2.13)$$

在 $z \gg z_R$ 的情况下，光束半径 $w(z)$ 随 z 的增大而线性增大。当 $z \gg z_R$ 时，光束渐近线与中心轴的夹角 θ 称为远场发散角。理想高斯光束的光束参数乘积(beam parameter product，BPP)定义为

$$\theta \approx \frac{\lambda}{\pi w_0} \tag{2.14}$$

式中:θ 的单位为弧度。

远离束腰的高斯光束的全角发散角为 $\Theta = 2\theta$。

激光辐射的质量用一个质量因子 M^2 来表示,它反映了实际光束偏离理想衍射极限光束(高斯光束)的程度。激光辐射质量 M^2 可表示为实际光束(θ_{real},W_0^{real})和理想高斯光束(θ_{Gauss},w_0^{Gauss})的 BPP 比值,即

$$M^2 = \frac{\theta_{\text{real}} W_0^{\text{real}}}{\theta_{\text{Gauss}} w_0^{\text{Gauss}}} \tag{2.15}$$

实际光束的 BPP 通过测量光束半径最小值和远场发散角,将其两者取乘积而得到。所有实际激光束的 $M^2 > 1$,其中理想高斯光束的 $M^2 = 1$。微纳结构需要小光束束腰,也就是说,所需激光辐射的 M^2 要接近 1。

激光辐射光束质量的一个更准确的表述可由方差[69]给定。在电磁场的标量理论中,一个单色波沿 z 方向传播的电磁场表示为

$$E(x,y,z,t) = \text{Re}(\tilde{E}(x,y,z)\,\text{e}^{\text{i}(\omega t - kz)}) \tag{2.16}$$

复振幅 $\tilde{E}$ 可由 x 和 y 坐标系的傅里叶变换得到[70],称为空间频率分布,即

$$\tilde{E}(x,y,z) = \int_{-\infty}^{\infty}\int_{-\infty}^{\infty} \tilde{P}(s_x,s_y,z)\exp[-\text{i}2\pi(s_x x + s_y y)]\,\text{d}s_x\text{d}s_y \tag{2.17}$$

空间频率分布是 $\tilde{E}$ 的逆变换,即

$$\tilde{P}(s_x,s_y,z) = \int_{-\infty}^{\infty}\int_{-\infty}^{\infty} \tilde{E}(x,y,z)\exp[\text{i}2\pi(s_x x + s_y y)]\,\text{d}x\text{d}y \tag{2.18}$$

强度分布可表示为

$$I(x,y,z) = |\tilde{E}(x,y,z)|^2 \tag{2.19}$$

$$I(s_x,s_y,z) = |\tilde{E}(s_x,s_y,z)|^2 \tag{2.20}$$

在文献[70]中,$I(s_x,s_y,z)$ 与 z 无关。每个空间频率分量 s_i 都能用平面波传播与 z 轴的夹角 Θ_i 表示

$$s_i = \frac{\sin\Theta_i}{\lambda} \approx \frac{\Theta_i}{\lambda} \tag{2.21}$$

TEM_{00} 模的高斯光束强度分布经过 x 和 y 坐标系的傅里叶变换后仍然是高斯分布(见式(2.18))。此时,在空间频率域中的一个空间频率强度分布 $\hat{I}(s_x,s_y)$ 为

$$\hat{I}(s_x,s_y) = I_0\text{e}^{-2\pi^2\omega_0^2(s_x^2+s_y^2)} \tag{2.22}$$

在空间域和空间频率域的一个高斯光束的标准偏差定义为

$$\sigma_x(z) = \sigma_y(z) = \frac{w(z)}{2} \tag{2.23}$$

$$\sigma_{s_x} = \sigma_{s_y} = \frac{1}{2\pi w_0} \tag{2.24}$$

衍射极限辐射的空间带宽积（space-bandwidth product, SBP）为

$$\sigma_{0,x} \times \sigma_{s_x} = \sigma_{0,y} \times \sigma_{s_y} = \frac{1}{4\pi} \tag{2.25}$$

为了定义一个强度分布 $I(x,y,z)$ 的高斯衍射极限多模光束，将方差表示为

$$\sigma_x^2 = \frac{\int (x - \bar{x})^2 I(x,y,z)\,dxdy}{\int I(x,y,z)\,dxdy} \tag{2.26}$$

$$\sigma_{s_x}^2 = \frac{\int (s_x - \bar{s}_x)^2 \hat{I}(s_x,s_y)\,ds_x ds_y}{\int \hat{I}(s_x,s_y)\,ds_x ds_y} \tag{2.27}$$

焦散可表示为

$$\sigma_x^2 = \sigma_{0,x}^2 + \lambda^2 \sigma_{s_x}^2 (z - z_{0,x})^2 \tag{2.28}$$

实际光束的 SBP 为

$$\sigma_{0,x} \times \sigma_{s_x} = \frac{M_x^2}{4\pi} \tag{2.29}$$

其中 $M_x^2 \geqslant 1$。对于无衍射近轴光学来说，$M_{x,y}^2$ 是不变的[71]。光束直径定义为

$$W_x(z) = 2\sigma_x(z) \tag{2.30}$$

$$W_{x,0} = W_x(0) = 2\sigma_{x,0} \tag{2.31}$$

束腰的空间变化为

$$W_x^2 = W_{x,0}^2 + M_x^4 \frac{\lambda^2}{\pi^2 W_{x,0}^2} (z - z_{0,x})^2 \tag{2.32}$$

或者用实际光束的瑞利长度表示为

$$Z_{R,x} = \frac{\pi W_{0,x}^2}{M_x^2 \lambda} \tag{2.33}$$

$$W_x^2 = W_{x,0}^2 \left[1 + \left(\frac{z - Z_{0,x}}{Z_{R,x}} \right)^2 \right] \tag{2.34}$$

其中，通过光学系统的辐射传播的参数 M_x^2、$W_{x,0}$ 和 $Z_{0,x}$ 已完全表达。因此，"内嵌"的高斯光束的光束直径定义为[71]

$$2w_{0,x}^{em} = \frac{W_{0,x}}{M_x} \tag{2.35}$$

内嵌高斯光束束腰的进一步传播可采用 ABCD 定律和光束变换矩阵来计算得到。经过此变换，束腰的位置不变。实际辐射的传播特性由 3 个参数表征[70]：

（1）光束束腰 $W_{0,x} = 2\sigma_{0,x}$；

（2）光束束腰位置 $Z_{0,x}$；

（3）W_x^2 或者实际辐射的瑞利长度 $Z_{R,x}$。

光束束腰位置 $Z_{0,x} \neq Z_{0,y}$ 时的焦散称为像散，而当 $W_{0,x} \neq W_{0,y}$ 时光束分布是不对称的。

由于此特性，聚焦成半径 w_0 小光斑的高斯光束，具有一个大的发散角 Θ。采用小发散角和大光束半径辐射的 BPP，可获得高准直辐射。

2.2.4 脉冲宽度

利用透镜、反射镜及两者的组合可实现超快激光辐射的聚焦。焦点处高强度的获得，依赖于小的脉冲宽度和空间尺度。透镜中超快激光辐射的群速度和相速度的差异和群速度色散 GVD 降低了焦点处的强度：

（1）延迟辐射，经透镜光轴的辐射与来自透镜边缘辐射的差异，导致脉冲和相位波前之间的延迟。

（2）激光辐射多色性使不同光谱分量的焦点发生偏移。

（3）GVD 改变了脉冲宽度。

一个光学元件可将一个光学平面波的相位变换成一个球面波的相位，并在傍轴近似下聚焦（图 2.9）。在经过光学材料的传输过程中，群速度 v_g 发生改变（见式（4.4）），与相速度 $v_p = c/n$ 产生差异，即

$$\Delta T(r) = \left(\frac{1}{v_p} - \frac{1}{v_g} \right) L(r) \tag{2.36}$$

式中：$L(r)$ 为光学元件的厚度。

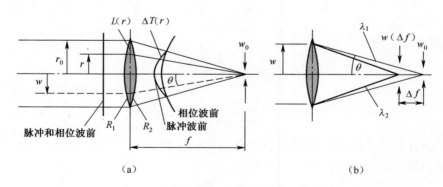

图 2.9　（a）透镜聚焦的平面波图示和（b）两个波长的色差图示[72]

球面透镜下，有

$$L(r) = \frac{r_0^2 - r^2}{2}\left(\frac{1}{R_1} - \frac{1}{R_2}\right) \tag{2.37}$$

式中：$R_{1,2}$ 为透镜表面的曲率半径；r_0 为透镜的半径。

r_0 和 r 从表面到聚焦点的传输时间差，可由光学元件的色度计算出：

$$\frac{\mathrm{d}}{\mathrm{d}\lambda}\frac{1}{f} \tag{2.38}$$

一个球面透镜的群速度延迟为

$$\Delta T(r_b) = \frac{r_0^2 - r^2}{2}\lambda\frac{\mathrm{d}}{\mathrm{d}\lambda}\frac{1}{f} \tag{2.39}$$

式中：f 为聚焦长度，$1/f = (n-1)(R_1^{-1} - R_2^{-1})$。例如，由一个 $f = 30\mathrm{mm}$ 透镜聚焦的超快激光辐射的群速度延迟为

$$\Delta T(r_b = w_L) = -\frac{w_L^2}{2cf(n-1)}\left(\lambda\frac{\mathrm{d}n}{\mathrm{d}\lambda}\right) \tag{2.40}$$

采用波长 $\lambda = 248\mathrm{nm}$，脉冲宽度 $t_p = 50\mathrm{fs}$，光束半径 $w_L = 2\mathrm{mm}$，折射率 $n \approx 1.51$ 和 $\lambda\mathrm{d}n/\mathrm{d}\lambda \approx 0.17$，可得出时间差 $\Delta T \approx 300\mathrm{fs}$。对于一个时域高斯脉冲波形的超快脉冲，当其脉冲宽度为 $t_p = \sqrt{2\ln 2}\,t_g$，光谱宽度为 $\Delta\lambda = 0.441\lambda^2/ct_p$ 时，透镜在该激光辐射下的色度（式(2.39)）是焦点周围光能的空间扩展：

$$\Delta f = -f^2\frac{\mathrm{d}(1/f)}{\mathrm{d}\lambda}\Delta\lambda$$

$$= -\frac{f\lambda^2}{c(n-1)}\frac{0.441}{t_p}\frac{\mathrm{d}n}{\mathrm{d}\lambda} \tag{2.41}$$

针对上述提到的激光辐射和透镜参数，可得到一个扩展 $\Delta f = 60\mu\mathrm{m}$。这个值比瑞利长度 $z_R = w_0/\theta \approx 5\mu\mathrm{m}$ 要长很多。焦点的相对扩展可利用式(2.10)计算出，即

$$\frac{w(\Delta f)}{w_0} = \sqrt{1 + \left(\frac{\Delta f}{2z_R}\right)^2} \approx \left(\frac{\Delta f}{2z_R}\right)$$

$$= -\frac{0.441}{2t_p}\frac{f\lambda^3}{w_0^2c\pi(n-1)}\frac{\mathrm{d}n}{\mathrm{d}\lambda} \tag{2.42}$$

色度展宽和群速度延迟 ΔT 具有相同的量级。

除了时域群速度延迟和光谱展宽，群速度色散 GVD（见 4.1.2 节）还会引起经透镜光学材料后一个直接的时域扩展。群速度色散效应与脉冲宽度有关，脉冲宽度<100fs 时，近红外到可见光（NIR-VIS）激光辐射的群速度色散效应尤为重要。波长 $\lambda = 248\mathrm{nm}$ 非啁啾激光辐射的脉冲宽度因 GVD 而增加，利用式(3.12)可计算出从 50fs 增加到约 60fs。此时，所采用二阶色散系数 $\lambda\mathrm{d}^2n/\mathrm{d}^2\lambda \approx 2.1\mu\mathrm{m}^{-1}$，透镜

厚度 $d = 2.1\,\text{mm}$。

文献[72]中介绍了一种数值计算方法,用于研究在小数值孔径透镜和焦点之间复杂的空间和时间的强度分布。由于多色辐射的特性,从式(2.40)可得出在焦点处与半径相关的脉冲延迟的一个近似值。由 Bor[64,73] 提出的一种消色差双合透镜是克服以上限制的一种方法。除了具有两个折射率的双合透镜的透镜方程之外,消色差条件为

$$\frac{\text{d}}{\text{d}\lambda}(1/f) = 0 \qquad\qquad (2.43)$$

保证了全色度补偿。利用大数值孔径 $0.8 < \text{NA} \leqslant 1.4$ 的商用化显微物镜可实现深聚焦,仅波长适用,并不适用于超快激光辐射的特性。在大数值孔径的商用显微物镜中,采用飞秒激光辐射所引起的像差至今仍处在研究中[67]。在4.2.3节中将介绍焦点脉冲宽度的测量方法。

2.2.5 光束稳定度

激光辐射的稳定度 Θ_s,由于较难测量,有时会被忽略。通常,光束稳定度理解为激光辐射时间和空间上的稳定度。例如,固态激光辐射的相对光斑稳定度 $\Theta_s/\Theta < 10^{-3}$ 比气体激光辐射的相对光斑稳定度要小,这是因为在激光谐振腔中没有湍流或者激光介质使辐射发生偏移。光纤激光器的光斑稳定度比固态激光器要小很多,是因为光纤几何结构决定了它的辐射模式①。但通常情况下,长期应用中光束稳定度并没有在激光制造中予以说明。

空间强度分布由时间平均值来表示。与光斑稳定度测试相似,并没有给出长期值或者脉冲与脉冲之间变化的空间强度分布。有报道的超快光纤激光器的空间稳定度可小到 0.1%。

激光光源的时间稳定度由时间相关的脉冲能量和脉冲分布表示。脉冲与脉冲之间的稳定度通常值在1%左右,但一个脉冲中的能量分布,在纳秒和皮秒超快脉冲情况下,通常不予以说明。纳秒和皮秒的测量非常精细,商业解决方案也同样适用②。

除了激光光源自身的光束稳定度之外,外部空气密度变化和实验室温度变化都能使激光束发生偏向和畸变。例如,外部空气密度变化导致光束位置移动和光束质量随湍流波动周期的变化而变化,可通过管道传输光束和利用惰性气体的层流气体流进行避免。温度引起的镜片夹持装置和其他光学部件的几何变化,可利用温度稳定的途径避免,例如,利用环境适应。

---

① 由于热透镜效应,光束束腰轴向位置随时间移动。

② http://pagesperso-orange.fr/amplitude-technologies/sequoia.htm

2.2.6 超精细加工和诊断的关键参数

2.2.6.1 超精细加工

利用超快激光辐射进行材料加工,可定义的两个关键参数是:脉冲宽度和空间强度分布。超快激光辐射可聚焦成一个很小的焦点,还要考虑到色散和 GVD 的影响。采用 NA> 0.8 的显微物镜,对超快应用即使不进行优化,利用红外飞秒激光辐射[74]也可以产生亚微米尺度的小孔。空间高斯强度分布能够解释,烧蚀可产生比聚焦激光辐射允许的光学极限还要小的几何尺寸的能力。通过降低焦点处的强度使其非常接近烧蚀阈值,并基于非常明确的激光烧蚀属性,仅利用高斯强度分布的尖端即可实现结构化加工。

除了发生在金属中的线性吸收之外,电介质中的多光子吸收会减小有效的光束束腰,影响因子为 $\sqrt{N}$,其中 N 为多光子因子。利用多光子吸收开展的物质烧蚀可产生亚微米的烧蚀效果。

超快激光辐射和物质相互作用过程的研究已经表明,如果采用超快激光辐射的时间调制,可以使烧蚀行为发生巨大变化[75-76]。例如,时间非均匀飞秒脉冲和电介质相互作用,会导致最终自由电子密度的不同,其结果是导致了蓝宝石和熔融石英材料表面改性的不同阈值[77](图 2.10)。已实现几何尺寸小于 100nm 的纳米结构。

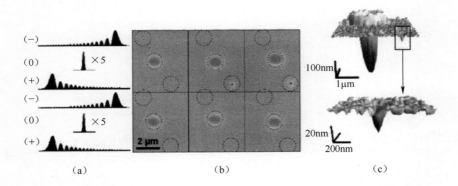

图 2.10 (a)激光强度和(b)采用 SEM(扫描电子显微镜)观测的熔融石英中相对应纳米结构以及(c)采用 AFM(原子力显微镜)观测的熔融石英中相对应纳米结构[77]

利用扫描近场光学显微镜(SNOM),可克服衍射极限且光束宽度能减小到小于 100nm,但缺点是强度很低。已有研究表明:空间分辨力 50nm 有可能实现金属薄层的微纳结构[78]。

2.2.6.2 用于机械工程的超快泵浦和探测诊断

非成像泵浦和探测诊断的关键参数是脉冲宽度和辐射的光谱分布(尤其是对于空间分辨力光谱来说)。探测光束的脉冲宽度需要与观测过程同量级,但比观测过程要短。

成像诊断需要一个均匀且连续的空间强度分布。为满足此需求,大部分高斯强度分布光束需利用光束拦截来调控或者采用衍射光学元件。由于辐射的空间相关性,尺度接近使用波长的物体成像会失真。这迫使波长降低到了紫外范围。

2.3 光束定位和扫描

针对微纳结构的加工技术,需要超精细去除的工具。一方面,激光聚焦需要在目标上实现亚微米尺度的高精度定位。另一方面,由于工具几何尺寸很小,需要非常高的定位速度来实现高加工效率。

要达到高精度,必须有一个小而可重现的激光焦点。此外,激光光束还需利用定位平台或者扫描系统在目标上实现定位。基底借助定位平台可在机械轴上运动,如二维方向,如 x 和 y 方向,同时激光焦点位置可在 z 轴方向上改变(表 2.3)。总精度是由所有定位平台的精度和激光系统焦点稳定度决定(见 2.2.5 节)。

表 2.3 商用线性定位平台

型号	轴系	精度/μm	最大速度/(mm/s)	最大行程/mm
PI	滚珠丝杠	1	50	1000
Micos	滚珠丝杠	1	50	200
Kugler	空气(气浮)轴承	0.01	1000	300
Aerotech	空气(气浮)轴承	0.05	1000	300
Anorad	空气(气浮)轴承	0.1	1000	300

2.3.1 定位

由直线导轨主导的一个活动滑架构成一个定位平台。直线导轨的精度由如下特性定义:

(1)最小增量运动;

(2)单向重复性;

（3）双向重复性;

（4）俯仰;

（5）偏离。

一个定位轴的总精度由直线导轨特性叠加所决定。这些特性也是轴的速度、加速度和负载的函数。高精度机械装置的实现,需要高精度的轴承。此外,导轨和滑架选用特种合金和陶瓷以满足刚度要求。滑架和导轨的滑动特性由两方面决定:滚动体轴承和平面直线轴承(图 2.11)。

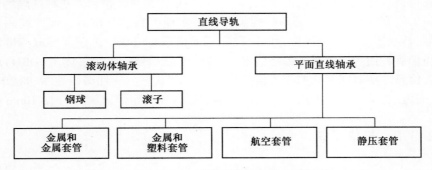

图 2.11　滚动体和平面直线轴承中的直线导轨分类[79]

平面直线轴承的设计与滚动体轴承类似,但没有球轴承。燕尾导轨是典型的简单线性定位平台。选用不同的组合(铜、金属/聚合物和全聚合物的套管)以实现低摩擦滑动。但因为有黏滑现象且很难处理,还有摩擦,因而此设计将不再考虑。空气轴承和油轴承几乎无摩擦,具有约 1nm 的高精度、匀速运动和无磨损的优点。这也使滑架能够获得大的运动速度。空气轴承的缺点是只能承受有限的负载,而使用油代替空气,因黏性增大使刚度提高且负载也能够提升,但相应会引起轴承摩擦力的增大和定位最大速度的降低。

一个滚动体轴承通常包含滚子或钢球。钢球轴承由一个套筒外圈和借助保持架的成排钢球组成。它的特点是平滑运动、低间隙、低摩擦、高刚性和长寿命。与平面轴承相比,滚动体轴承比空气轴承更经济,但精度只有 1μm。滚动体轴承不建议用在纳米加工中。

关于滑架的运动,已有 3 种:

（1）具有联轴器的主轴驱动,采用丝杠将一个步进电动机的旋转运动变成一个直线运动。目前可实现精度是:当速度高达 1m/s 时,重复定位精度约 200nm。

（2）直线电动机驱动几乎无间隙的直接耦合到滑架上,即将电动机运动直接传递到滑架上。

（3）压电驱动是一类基于施加电场时压电晶体形状改变的电动机。压电电机采用逆压电效应,即利用材料发出的声波或超声波振动产生一个直线或旋转的运动。在一个平面上的伸长，可以产生一系列的拉伸和位置保持。压电直线电动机分为两类：超声波电动机，也称为共振电动机和步进电动机。共振电动机拥有更简单的设计和更高的速度，步进电动机可实现短距离上更高的分辨力、更大的作用力和更强的动态特性。压电驱动的一个很大优势在于内在稳态自锁功能。原则上来说，步进和连续压电电动机是无磁和真空兼容的，这对半导体工业的许多应用都是必要的。

定位探测是微纳结构的关键。采用步进电动机，每步的旋转角度为已知。直线位移可通过计算齿轮传动而得到，或者，可测量得出直线位移。机械缺陷的传递使分辨力限制在约 $2\mu m$。采用线性编码器可实现更高的分辨力。线性编码器是传感器、转换器或者与编码位置的标尺配对的读取头组成。传感器读取刻度以便将编码位置转换为模拟或者数字信号，这些信号随后被一个数字读出（DRO）解码为位置信息。随时间变化的位置信息决定了运动状态。线性编码技术包括电容、电感、涡流、磁学和光学编码。利用线性编码器实现的定位分辨力为 $1\sim10nm$。

2.3.2 扫描系统

相对于移动底座或者移动聚焦光束，采用振镜扫描系统也可将激光辐射定位（表2.4），利用两个正交放置的活动镜片将激光束偏移。振镜扫描仪是用于光学应用中的高性能旋转电动机，由基于动磁式或者线圈技术的电动机部分和高精度位置探测器组成。各轴电动机部分与偏转镜的惯性负载理想匹配。优化的转子设计主要负责镜片的动态属性和共振特性。轴向预加载的精密球轴承保证了具有高刚性和低摩擦的无反冲转子组件。光学定位探测系统具有高分辨力、良好的重复性和漂移值。此扫描仪配备了加热器和温度传感器。这种温度调节功能为进一步提高长期稳定性提供了温度稳定保障，即使是在波动的环境条件下也同样适用。[1]

表 2.4　商业扫描系统（焦距 $f=160mm$ 的 $f-\theta$ 透镜计算）

公司	型号	口径/mm	最大速度 /（m/s）	重复定位精度 /μm	扫描场尺寸 /（mm×mm）
CSI	HB X10	10	4.5	10	100×100
GSI	HSM15M2	15	2	2	95×95
GSI	HPM10VM2	10	5	4	120×120
SCANLAB	hurrySCAN 30	30	4.5	2	50×50
SCANLAB	intelliSCAN 10	10	15	5	150×150

第一个镜片将激光辐射偏转到 x 方向，第二个镜片又将激光辐射偏转到 y 方

---

[1]　www.scanlab.de/de/

向(图 2.12)。这些镜片受闭环振镜式光学扫描仪[①]的控制而运动。从根本上说,振镜扫描仪的工作摆动频率与反射镜的共振频率相同。为了维持高定位速度,振镜扫描仪的共振频率需要很大。质量与镜片面积相关。增大质量可减小共振频率:

$$\omega \propto \sqrt{\frac{1}{L}} = \sqrt{\frac{1}{mv^2}} \qquad (2.44)$$

当增大面积超过 20mm×20mm 时会增大转动惯量。为此镜片必须轻量化。聚焦物镜之前或者之后偏转辐射的扫描系统有 3 种设计:

(1) 第 1 种设计,先偏转激光辐射而后利用物镜聚焦,适用于高定位精度和短焦距(图 2.12(a))[②]的小聚焦光束直径的情况。扫描范围最小从 100μm^2,到最大 100cm^2。优化的 $f-\theta$ 透镜用于振镜扫描系统平面场中的激光辐射聚焦。激光辐射偏转后垂直进入像场成像。短脉冲激光扫描光学系统需要采用特殊的低色散镜片,以减小由群速度色散所引起的一个激光脉冲的展宽。

(2) 第 2 种设计,由扫描系统前的透镜将激光辐射聚焦,然后利用振镜扫描仪偏转激光辐射(图 2.12(b))[③]。由于激光辐射是会聚的,聚焦单元需要长焦距(f ≫ 100mm),镜片上光束直径因烧蚀阈值的影响而受到限制,聚焦激光直径也受限制。此外,通过同轴移动聚焦物镜可控制激光辐射在传播方向上的定位。扫描范围从 100mm^2 到若干平方米。

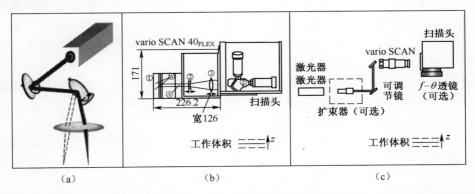

图 2.12 (a)振镜扫描仪的原理和(b)扫描单元前聚焦以及(c)扫描单元前后的聚焦相结合

(3) 第 3 种设计,是以上两种设计的结合,可获得更小的焦距。在扫描过程中,相对一个固定的聚焦光学部分,在光轴上放置一个可移动的扩束器,可产生与镜片运动同步的系统总焦距变化。在传播方向上激光焦点的移动,由振镜扫描仪

① www.cambridgetechnology.com

② http://www.thefabricator.com/LaserWelding/LaserWelding_Article.cfm? ID=1278

③ http://www.scanlab.de

前的第一个光学系统控制①,在振镜扫描仪后的第二个光学系统最终聚焦辐射,可实现体内聚焦。例如,复杂结构硬金属的微烧蚀②,其扫描面积从 $1\sim100mm^2$,扫描速度达到 10m/s(焦距 $f=160mm$)。扫描速度与焦距有关。

2.4　超快计量的新挑战

在引入超快激光光源的生产应用中,急需新的计量技术,如用于微纳技术的半导体电子学和用于生命科学的基因学等。这些技术领域均需要过程监视和控制的新工具,然而目前还没有真正可用的工具。采用可见光难以进行纳米尺度的结构观测,采用高能量光子辐射的光学计量具有破坏性,会引起观测物体的损坏。同样,在皮秒和飞秒尺度的化学或分子反应的超快速度,例如染色体的生化合成,采用目前的诊断技术也无法观测,还需要新的方法。因此急需新的强大的可控观测工具。

2.4.1　时间域

作为测量工具的超快激光辐射所开启的时间尺度,已超过了普通测量技术的分辨力。用于微电子技术 CPU 和微机电系统 MEMS(微纳技术)中的加工工艺正向着超快方向发展。目前,光纤网络时钟时间大约在 10GHz,此频率相当于几十皮秒的时间尺度。另一个例子,物质的超快速操作需要更深入的过程理解以实现超精密的操控,例如纳米微创基因技术中的细胞壁打孔或者 DNA 切割。超快激光辐射诱发的复杂过程由超快内在特性决定,尤其是激光辐射和物质的相互作用。

（1）电子引起的光能吸收持续至少约 1fs。

（2）受激电子与电子系统的相互作用约 100fs 内,受激电子与声子系统的相互作用约皮秒量级。

（3）原子碰撞引起声子系统热弛豫发生在一个纳秒时间尺度上。

超快工程中超快加工处理效果需要进行超快的观测。

超快加工需要超快且崭新的诊断技术,这是因为普通诊断技术在相关时间尺度上的分辨力不够。传统光学诊断如光电探测器,具有在纳秒时间尺度上的最小时间分辨力。泵浦和探测技术已用于观测一个超快时间尺度上的加工处理过程。这项技术仍是微纳工程面临的挑战。

---

① 　例如 vario SCAN http://www.scanlab.de/index.php? id=17917

② 　http://www.ilt.fraunhofer.de/eng/101006.html

2.4.2 空间域

超快激光辐射产生的特征尺寸,可以超过传统技术如光学显微镜的光学分辨力。由于非线性过程的存在,有效激光焦点能够降低到远低于光学显微镜的分辨力。采用飞秒激光辐射可用于生物材料的常规结构加工、神经元切割[80]、纳米射流的纳米结构生成[81]和精度约50nm的树脂选择性聚合(图2.13)等。此外,超快激光辐射在物质非热平衡时间尺度上的作用过程是:由脉冲飞秒激光辐射诱发的金属内熔融动力学与连续辐射诱发的情况不同。

为了避免例如诊断的不良影响,必须要研究超快激光辐射与物质的相互作用,并且在下一步研究中对其相互作用进行控制。

即使在不采用激光辐射作为加工工具的领域,超快诊断的控制也正变得愈加必要。

用于机械和电子工程应用的普通诊断对于探索微纳技术来说是不够的。当小于微米尺度的结构出现时,需要更精细的观测工具,如扫描电子显微镜(SEM)、扫描隧道显微镜(STM)、扫描近场光学显微镜(SNOM)和原子力显微镜(AFM)。

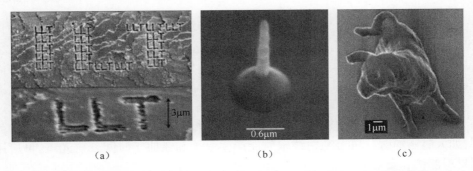

(a)　　　　　　　　(b)　　　　　　　　(c)

图2.13 (a)人类头发的亚波长结构和(b)600nm厚金膜中的纳米射流[81]
以及(c)由飞秒激光辐射选择性聚合①所生成的三维纳米物体

2.5　用于过程诊断的光学泵浦和探测技术领域

光学泵浦和探测技术是用于超快加工诊断中的一类方法。采用超快方法能够在小的时间尺度上研究物质的物理和化学变化在时间上的演化,例如,加热、熔化、蒸发、氧化、离子化等,基本原理是激发一个特殊属性,并使时间相关性可测量。一

---

① http://reichling.physik.uos.de/NanoForum/pressillus.htm

个过程的可测量性通过改变电子属性如电离状态、氧化值、物质形态、光相位、电子密度和电子动力(如速度)等来实现。泵浦和探测技术的 3 个相关领域可以加以区分。

（1）时间域：光学泵浦和探测技术用于过程的时间分辨诊断。时间分辨力由泵浦和探测激光辐射的脉冲宽度决定。采用超快激光辐射可实现飞秒、甚至阿秒的时间分辨力。泵浦和探测诊断的时间分辨力大于：

· 原子间化学反应的反应时间；

· 分子间的异构化反应时间；

· 电子"运动"的原子间时间尺度。例如，采用阿秒激光辐射在时间上解决了俄歇电子的产生问题[23]。

（2）空域：泵浦和探测技术用于过程成像或者获得过程参数的空间分辨力信息。羽流和等离子体膨胀能够固定在飞秒分辨力的时空中。空间分辨力由聚焦尺寸来定义，聚焦尺寸受所用光学系统和激光探测辐射波长（见 2.2 节）的限制。当包含探测辐射的多光子过程时，空间分辨力的尺度反比于多光子因子 N 的平方根：

$$\Delta x \propto \frac{\lambda}{\sqrt{N}} \tag{2.45}$$

（3）谱域：泵浦和探测技术用来得到过程中的高分辨力和高对比度信息，如化学反应过程。将所研究系统置入一个确定的能量态，然后由实验系统去激发。这个方法称为激发态光谱法，常用在化学领域中。经过非线性过程，探测辐射能够被光谱展宽为一个超快连续白光。采用这个探测辐射，覆盖紫外到红外大范围光谱的一个过程光谱信息，便可利用光谱测量进行瞬间探测。飞秒激光辐射可以通过与物质的非线性作用而被转变成高能量极紫外和 X 射线辐射，或者进入射电范围，如太赫兹辐射。高能 X 射线辐射能产生原子和亚原子时间分辨光谱，可应用到材料测试和安全中。

依据从实验中提取出的信息，可能只对其中一种领域感兴趣。

第 3 章
激光相互作用原理

　　超快激光辐射和物质的相互作用表现为三个光学激发主要过程,即物质极化、物质电离和自由粒子激发。

　　第一个过程是线性过程,通常物质状态不发生变化(见 3.1 节)。第二个过程,当物质转变为气态或者等离子体状态时,进入高能物理学的范畴(见 3.2 节)。第三个过程涉及超快激光辐射和等离子体相互作用的过程(见 3.3 节)。

3.1　线性到非线性光学

　　对于电介质,激光辐射主要在低于原子间电场 $I < 10^{16}$ W·cm^{-2} 的强度下与电子发生相互作用。根据辐射场中电子的简谐振荡或非简谐振荡,采用相应的线性或者非线性光学的研究方法。超快激光辐射在光强远小于 10^{10} W/cm^2 时,可用线性光学表述[①](见 3.1.1 节)。反之,当光强约为 10^{10} W/cm^2 的超快激光辐射作用在光学材料上时,是一个非线性反应过程,会带来激光辐射属性如脉冲宽度或者光谱宽度的改变(见 3.1.2 节)。

3.1.1　线性光学:群速度色散和啁啾

　　受电磁场激发,价带电子振荡并且形成总极化强度 P 的电偶极子。在电子简谐运动的辐射强度下,电磁场的振幅也是简谐的,且在电介质中引入了一个线性极化强度 P^L。反射和折射是此类线性过程的实例。如果电磁场引起的价带电子的振荡是非简谐的,则引入一个非线性极化强度 P^{NL}。自聚焦和自相位调制是此类非线性过程的实例。极化强度 P 分为线性项和非线性项,即

$$P = P^L + P^{NL} \tag{3.1}$$

---

　　① 引用方程采用超快领域常见的厘米·克·秒单位制

线性极化强度 P^L 用于线性光学表达;以下方程中忽略非线性极化强度 P^{NL},也是因为设计物镜和透镜工作在线性范围。

基于麦克斯韦波动方程,电磁辐射在电介质中的传播可表示为

$$\left(\nabla^2 - \frac{1}{c^2}\frac{\partial^2}{\partial t^2}\right)E(r,t) = \mu_0 \frac{\partial^2}{\partial t^2}P(r,t) \tag{3.2}$$

一个沿 Z 方向传播的线性平面波 $E = E(z,t)e_x$,式(3.2)可简化为

$$\left(\frac{\partial^2}{\partial z^2} - \frac{1}{c^2}\frac{\partial^2}{\partial t^2}\right)E(z,t) = \mu_0 \frac{\partial^2}{\partial t^2}P^L(z,t) \tag{3.3}$$

在频域的线性极化强度为

$$\tilde{P}^L(\omega,t) = \varepsilon\chi(\omega)\tilde{E}(z,\omega) \tag{3.4}$$

式中:χ 为电介质极化率张量。

经傅里叶变换,式(3.2)麦克斯韦波动方程变为

$$\left[\frac{\partial^2}{\partial z^2} + \frac{\omega^2}{c^2}\varepsilon(\omega)\right]\tilde{E}(z,\omega) = 0 \tag{3.5}$$

其中,介电常数 $\varepsilon(\omega) = [1 + \chi(\omega)]$。平面波在频域空间含有波数 k 的方程 $\tilde{E}(\omega,z) = \tilde{E}(\omega,0)\exp(-ik(\omega)z)$ 所遵守的色散关系为

$$k^2(\omega) = \frac{\omega^2}{c^2}\varepsilon(\omega) = \frac{\omega^2}{c^2}n^2(\omega) \tag{3.6}$$

为了描述脉冲宽度在飞秒范围的超快激光辐射的色散,波数为

$$k(\omega) = k_l + \frac{dk}{d\omega}\bigg|_{\omega_l}(\omega - \omega_l) + \frac{1}{2}\frac{d^2k}{d\omega^2}\bigg|_{\omega_l}(\omega - \omega_l)^2 + \frac{1}{4}\frac{d^3k}{d\omega^3}\bigg|_{\omega_l}(\omega - \omega_l)^3 \cdots$$
$$= k_l + \delta k + k''' + o \tag{3.7}$$

与载波频率 ω_l 相关,且平面波表示为 $\tilde{E}(\omega,z) = \tilde{E}(\omega,0)e^{-ik_l z}e^{-i\delta k z}$。通过引入延迟的空间和时间坐标 $\xi = z$ 和 $\eta = t - \dfrac{z}{v_g}$,和式(3.5)、式(3.7)的脉冲群速度 $v_g = (dk/d\omega|_{\omega_l})^{-1}$,可推导出一个简化波动方程,即

$$\frac{\partial}{\partial \xi}\tilde{\varepsilon}(\eta,\xi) - \frac{i}{2}k_l''\frac{\partial^2}{\partial \eta^2}\tilde{\varepsilon}(\eta,\xi) = 0 \tag{3.8}$$

此方程描述了脉冲空间中[72]物质内激光辐射的色散。群速度色散(GVD)为

$$k_l'' = \frac{\partial^2 k}{\partial \omega^2}\bigg|_{\omega_l} = \frac{2\pi c}{\omega^2 v_g^2}\frac{dv_g}{d\lambda} \tag{3.9}$$

描述了群速度 v_g 随波长的变化。在频域空间的式(3.8)可利用 $\tilde{E}(\omega,z) = \tilde{E}(\omega,0)e^{-\frac{i}{2}k''\omega^2 z}$ 和由遵循时间相关复杂电场的反傅里叶变换进行求解,有

$$\tilde{\varepsilon}(t,z) = F^{-1}\left[\tilde{E}(\omega,z)\right] \tag{3.10}$$

具备高斯频率分布 $\tilde{\varepsilon}$ 的一个电场,在脉冲空间具有一个类高斯的时间分布,即

$$\tilde{\varepsilon}(t,z) = A\mathrm{e}^{-\left(1+\mathrm{i}\frac{2k_l''z}{t_p}\right)\left(\frac{t}{t_p(z)}\right)^2} \tag{3.11}$$

脉冲宽度为

$$t_p(z) = t_{p0}\sqrt{1+\left(\frac{2z\,|\,k_l''\,|}{t_p^2}\right)^2} = t_{p0}\sqrt{1+\left(\frac{z}{L_D}\right)^2} \tag{3.12}$$

随群速度色散 k_l'' 的增加而增加,其中 k_l'' 由特征色散长度来表示 $L_D = \dfrac{t_{p0}^2}{2\,|\,k_l''\,|}$。激光辐射是"啁啾"的。激光脉冲的不同频率分量在时间上相互替代,但频率分量的时间序列仍然是线性的。

啁啾 $b = \dfrac{\mathrm{d}\varphi}{\mathrm{d}t}$ 定义为相位 φ 与时间的求导。对于一个高斯时间分布,其啁啾可表示为

$$b = \frac{\mathrm{d}\varphi}{\mathrm{d}t} = -\frac{2a}{t_p^2} \tag{3.13}$$

式中:a 为啁啾参数[72]。如果激光辐射是啁啾的,电磁场方程为

$$\tilde{\varepsilon} = \varepsilon_0 \mathrm{e}^{-(1+\mathrm{i}a)\left(\frac{t}{t_p}\right)^2} \tag{3.14}$$

激光辐射的脉冲宽度和带宽乘积为

$$\Delta\omega_p t_p = \sqrt{8\ln 2(1+a^2)} \tag{3.15}$$

啁啾参数 $a > 1$,脉冲宽度会增加。

3.1.2 非线性过程

3.1.2.1 非线性极化

非线性光学描述介质中的光行为,在介质中用极化强度 P 反映辐射电场强度 E 的非线性。在高辐射强度($>10^{10}\mathrm{W} \cdot \mathrm{cm}^{-2}$)时,可观测到非线性现象。在高强度下,电介质极化强度的非线性响应不能忽略。为了描述非线性过程,如自聚焦,极化强度表示为泰勒展开,即

$$P = \chi^{(1)}\varepsilon_0\varepsilon + \chi^{(2)}\varepsilon^2 + \chi^{(3)}\varepsilon^3 + \cdots \tag{3.16}$$

式中:$\chi^{(1)}$ 为介质的线性极化率,$\chi^{(i)}$($i>1$)为第 i 阶非线性极化率。非线性极化率比线性极化率小得多,只有在强场作用下才变得重要。

二阶非线性极化项 $\chi^{(2)}\varepsilon^2$ 代表二次谐波(SHG)的产生以及激光与物质的参量相互作用,如光学参量放大(OPA)。中心对称晶体不存在二阶非线性极化率。

SHG 过程包含两个具有相同频率 ω_1 的光子在电介质中的相互作用和频率 $\omega_2 = 2\omega_1$ 的一个光子的产生。混频描述了 3 个光子的参量相互作用,可产生的频率为 $2\omega_1$、$2\omega_2$、频率之和 $\omega_1 + \omega_2$ 以及频率之差 $\omega_1 - \omega_2$ [82]。

通过在非线性电介质上施加电压,会引起二阶光电效应,也称为普克尔效应 (Pockels effect),使得入射光辐射的极化特性发生改变,并与施加电压成比例变化。此时折射率 n 变为

$$\Delta n_m \approx - \frac{n^3}{2} \sum_p \frac{\chi_{pm}^{(2)}}{n^4} E_p \tag{3.17}$$

式中:m 为晶体轴方向;$m = x, y, z$;

普克尔效应用于激光辐射的调制和光学转换。利用非线性晶体的光整流是普克尔效应的逆过程。在激光辐射与此晶体的相互作用下,利用光整流可诱发一个电压,由此产生太赫兹辐射。

非极化强度 $\boldsymbol{P}^{\mathrm{NL}}$ 可表示为一个三阶电场函数。三阶极化率 $\chi^{(3)}$ 可描述三次谐波(THG)、克尔效应(Kerr effect)、自聚焦和自相位调制的产生。

通过施加电场可在光学各向同性的电介质中产生双折射现象,此电场可以是强激光辐射的电磁场或者外加电场。电介质中偶极子的取向可产生克尔效应,并引起折射率的变化:

$$\Delta n = n(E) - n_0 = \frac{1}{2} n_2 |E|^2 \tag{3.18}$$

式中:n_2 为二阶非线性折射率系数。

超快激光辐射通过电介质(如透镜和复合物镜)得到:

(1)经色散(啁啾)的一个增大的脉冲宽度。

(2)经非线性过程(如克尔效应)的一个增大的光谱宽度。

具有高斯空间强度分布的脉冲激光辐射与电介质相互作用,产生了具有高斯空间分布的折射率变化,称为梯度折射率。经此梯度折射率透镜,激光辐射可被折射和聚焦,与大于此效应作用时间的脉冲宽度有关,这一过程称为自聚焦。

在时间相关的电磁场中,例如脉冲激光辐射,克尔效应也与时间相关。经自相位调制,光谱宽度增大。对于一个高斯时域分布的激光辐射

$$I(t) = \exp[-(t/t_0)^2] \tag{3.19}$$

和一个平面波的空间分布

$$E(x,t) = E_0 \exp[\omega_0 t - kx] \tag{3.20}$$

其中,波数 $k = n(t)\omega_0/c$,可推导出辐射的频率 ω 为

$$\omega(t) = \frac{\partial \varphi(t)}{\partial t} = \omega_0 - \frac{\omega_0}{c} \frac{\partial n(t)}{\partial t} x \tag{3.21}$$

频率的变化 $\delta\omega = -\dfrac{x\omega_0 n_2}{2c} \dfrac{\partial I(t)}{\partial t}$ 代表了新的频率,激光辐射的光谱宽度由此增大[82]。

3.1.2.2 自聚焦

自聚焦可由式(3.2)中极化强度 $\boldsymbol{P}$ 的宏观表达和式(3.1)中极化强度在线性和非线性项中的区分来表述。通过引入一个线性和非线性极化强度,将得到波动方程式(3.2)的简化。线性项代表了延迟的极化强度[83]:

$$\boldsymbol{P}^{\mathrm{L}}(x,t) = \int_{-\infty}^{\infty} \hat{\chi}(t-t') \cdot \boldsymbol{E}(x,t')\,\mathrm{d}t' \qquad (3.22)$$

上式适用于均匀光学非激活介质。此关系决定了延迟的极化强度(式(3.22))和极化率 $\hat{\chi}$ 的非负值。傅里叶变换的极化强度可表示为

$$\boldsymbol{P}^{\mathrm{L}}(\boldsymbol{x},\omega) = \chi(\omega) \cdot \boldsymbol{E}(\boldsymbol{x},\omega) \qquad (3.23)$$

替换式(3.22)中 $\tau = t - t'$,并将电场用其复数形式表达为

$$\boldsymbol{E}(\boldsymbol{x},t-\tau) = \left[\exp\mathrm{i}\left(\mathrm{i}\frac{\partial}{\partial t}\right)\tau \right] \boldsymbol{E}(\boldsymbol{x},t) \qquad (3.24)$$

线性极化强度的复数形式表示为 $\boldsymbol{P}^{\mathrm{L}}(\boldsymbol{x},t) = \chi\left(\mathrm{i}\dfrac{\partial}{\partial t}\right) \cdot \boldsymbol{E}(\boldsymbol{x},t)$。在一维情况下,线性极化强度的复数形式为

$$P^{\mathrm{L}}(x,t) = \chi\left(\omega_0 + \mathrm{i}\frac{\partial}{\partial t}\right) \cdot \varepsilon(x,t) \qquad (3.25)$$

式(3.25)是由慢变包络近似(Slow-Varying-Envelope,SVE)在近单色光的情况下而导出的。其中电场的复数形式为 $\varepsilon(x,t) = \varepsilon_0 \exp(-\mathrm{i}(\omega_0 t - k_0 z))$。只考虑 ε 中最高至二阶项,从电场 ε 中推演线性极化强度,在高阶关于 z 和 t 采用 SVE 近似,可得到一个近似的波动方程为

$$2\mathrm{i}k_0\left(\frac{\partial}{\partial z} + \frac{1}{v_g}\frac{\partial}{\partial t}\right)\varepsilon + \nabla_T^2 \varepsilon = -\frac{4\pi}{c^2}\omega_0^2 P^{\mathrm{NL}} - \frac{8\pi\mathrm{i}\omega_0}{c^2}\frac{\partial P^{\mathrm{NL}}}{\partial t} \qquad (3.26)$$

式中:群速度定义为 $v_g = \left(\dfrac{\mathrm{d}}{\mathrm{d}\omega}\dfrac{n\omega}{c}\right)^{-1}$。

自聚焦可用 $\boldsymbol{P}^{\mathrm{NL}}$ 表示,此时诱发的偶极子在与激光辐射频率 ω_0 相接近的频率上振荡。非线性三阶极化强度定义为

$$P_j^{\mathrm{NL}}(\omega_4) \hat{=} D\chi_3^{jklm}(-\omega_4,\omega_1,\omega_2,\omega_3)\varepsilon_k(\omega_1)\varepsilon_l(\omega_2)\varepsilon_m(\omega_3) \qquad (3.27)$$

对于单色光,其解为

$$P_j^{\mathrm{NL}} = \eta\,|\varepsilon|^2\varepsilon_j \qquad (3.28)$$

其中,晶体方向 $j = x,y$,且极化率因子 $\eta \propto \chi_3^{jklm}$。折射率变化 Δn 为

$$\Delta n = \frac{2\pi\eta}{n}|\varepsilon|^2 = \frac{16\pi^2}{n^2 c}\eta I \qquad (3.29)$$

其中,强度 $I = nc |\varepsilon|^2/8\pi$(厘米·克·秒单位制),非线性折射率利用式(3.18)可得 $n_2 = 4\pi\eta/n$。

式(3.26)与时间无关并采用标量电场($\nabla(\nabla \cdot E) = 0$),波动方程简化为

$$2ik_0 \frac{\partial \varepsilon}{\partial z} + \nabla_T^2 \varepsilon = -\frac{4\pi\omega_0^2}{c^2}P^{NL} \tag{3.30}$$

采用哈密顿-雅可比方程(Hamilton-Jacobi),利用波函数在振幅和相位函数上的分离可得到波动方程的解析解[83]。对于 $P > P_{c1}$ 可得式(3.30)的数值解,其中自聚焦临界值 P_{c1} 和自聚焦位置 z_{fs} 是峰值功率的函数。

$$\left(\frac{P}{P_{c1}}\right)^{0.5} = 0.852 + 0.365\frac{z_R}{z_{sf}} \tag{3.31}$$

式(3.31)代表了经自聚焦后激光辐射的修正焦散曲线。

在真空中传播的具有空间高斯强度分布的一个脉冲激光辐射(脉冲宽度 $t_p \leqslant 200fs$)可利用下式表示为连续激光辐射[72]:

$$\tilde{w}(x, y, z) = \frac{w_0}{\sqrt{1 + z^2/z_R^2}} e^{-i\Theta(z)} e^{-ik_l(x^2+y^2)/2\tilde{q}(z)} \tag{3.32}$$

式中:$\Theta(z)$ 为相位 $\Theta(z) = \arctan(z/z_R^2)$,$z_R$ 为瑞利长度(式(2.10));w_0 为光束半径;λ_l 为激光辐射的波长;$\tilde{q}(z)$ 为光束参量的复数形式,有

$$\frac{1}{\tilde{q}(z)} = \frac{1}{R(z)} - \frac{i\lambda_l}{\pi w^2(z)} = \frac{1}{q(0) + z} \tag{3.33}$$

式中:$R(z)$ 为相位曲率,$R(z) = z + z_R^2/z$;$w(z)$ 为在位置 z 处的光束半径,$w(z) = w_0\sqrt{1 + z^2/z_R^2}$。在强度低于自聚焦临界值 P_{c1} 时,传播方向上空间强度分布(焦散曲线)表示为

$$I(z) = \frac{I_0}{\left(1 - \dfrac{z}{R}\right)^2 + \left(1 - \dfrac{P}{P_{c1}}\right)\left(\dfrac{z\lambda}{w_0^2\pi}\right)^2} \tag{3.34}$$

式中:P 为激光辐射功率;I_0 为初始光强,$I_0 = I(z = 0)$;R 为介质表面的相位波前曲率。

通过确定 $I(z)$ 的最大值(式(3.34)),可计算出焦点位置。

$$\frac{\partial I(z)}{\partial z} = 0 \rightarrow z_{I_{max}} = \frac{\pi^2 R w^4}{\pi^2 w^4 + R^2\lambda^2 - \dfrac{P}{P_{c1}}R^2\lambda^2} \tag{3.35}$$

此计算适用于连续激光辐射的自聚焦。假设自聚焦是一个瞬态过程,功率可由峰值功率代替。此假设可用于非共振的克尔效应,此效应发生在脉冲宽度大于 50fs 的晶体和玻璃中。这是因为自聚焦的非共振过程发生在某些飞秒尺度上[72]。

3.1.2.3 自相位调制的光谱展宽

具有高斯时间分布和恒定相位的超快激光辐射表达如下：

$$I(t) = I_0 \exp\left(-\frac{t^2}{t_p^2}\right) \tag{3.36}$$

式中：I_0 为峰值强度；t_p 为脉冲宽度。

若脉冲在一个具有线性反射率 n_0 和非线性反射率 n_2 的光学介质中传播，经光学克尔效应后产生一个与光强相关的折射率变化：

$$n(I) = n_0 + n_2 \cdot I(t) \tag{3.37}$$

介质中任意点的强度作为一个时间的函数先升后降，并产生了一个随时间变化的折射率和脉冲瞬时相位的移动：

$$\frac{\mathrm{d}n(I)}{\mathrm{d}t} = n_2 \frac{\mathrm{d}I}{\mathrm{d}t} = n_2 \cdot I_0 \cdot \frac{-2t}{t_p^2} \cdot \exp\left(\frac{-t^2}{t_p^2}\right) \tag{3.38}$$

$$\phi(t) = \omega_0 t - \frac{2\pi}{\lambda_0} \cdot n(I) L \tag{3.39}$$

式中：ω_0、λ_0 分别为脉冲的载波频率和波长；L 为通过光学介质的传播距离。而相移引起了脉冲的一个频移。

瞬时频率 $\omega(t)$ 为

$$\omega(t) = \frac{\mathrm{d}\phi(t)}{\mathrm{d}t} = \omega_0 - \frac{2\pi L}{\lambda_0} \frac{\mathrm{d}n(I)}{\mathrm{d}t} \tag{3.40}$$

根据式(3.38)可得到

$$\omega(t) = \omega_0 + \frac{4\pi L n_2 I_0}{\lambda_0 t_p^2} \cdot t \cdot \exp\left(\frac{-t^2}{t_p^2}\right) \tag{3.41}$$

脉冲前沿向低频("更红"波长)移动，脉冲后沿向更高频率("更蓝")移动，而脉冲峰值不变化。脉冲中间部分(在 $t = \pm \frac{t}{2}$ 之间)存在一个近似线性频移(啁啾)为

$$\omega(t) = \omega_0 + \frac{\mathrm{d}\omega}{\mathrm{d}t}\bigg|_0 \cdot t = \frac{4\pi L n_2 I_0}{\lambda_0 t_p^2} \tag{3.42}$$

由于自相位调制(SPM)而产生了附加频率，使频谱发生了对称展宽。在时间域，脉冲包络不发生变化。

超快激光辐射的自相位调制效果明显，因为这一过程与脉冲宽度 t_p 成反比。所引发的光谱分布是对称的。考虑到非线性极化强度 $\boldsymbol{P}^{\mathrm{NL}}$ 的更高阶项，连续白光的一个对称光谱分布能够根据实验结果计算[84]。自相位调制可引发光谱展宽，四波混频也可引发光谱展宽。对于一个时间上双曲正割的强度分布 $I(\boldsymbol{r}, \tau) \propto \mathrm{sech}^2(\tau/t_p)$，可计算出连续白光的相对展宽为

$$\frac{\Delta\omega_{\pm}^{SPM}}{\omega_0} = \frac{1}{2}\left(\sqrt{Q^2 + 4} \pm |Q|\right) - 1 \tag{3.43}$$

式中：$Q = 2n_2IL/ct_p$。当 $Q \ll 1$，式(3.43)合并入式(3.45)。

实验观测一个连续白光的光谱分布，其不对称性的原因可由脉冲波形的时间和空间变化解释。自聚焦在空间上调制脉冲波形，而自相位调制在时间上调制脉冲波形。相位变化先正值后负值的现象，导致了脉冲各部分速率的不同。脉冲时间分布的变化称为自陡峭。

3.1.2.4 灾难性的自聚焦

将超快激光辐射聚焦到电介质中，可产生连续白光。这期间经历着不同的作用过程，即自聚焦、自陡峭和自相位调制。

激光辐射的自聚焦和自散焦可在介质中形成光丝。当强度超过一个材料的特定阈值时，经多光子吸收或者雪崩电离可产生自由电子。这些电子与激光辐射相互作用，就像一个散射透镜。一个电子气体的折射率是 $n_e < 1$，并且空间电子分布与激光辐射的高斯空间强度分布相似。折射率的变化为

$$\Delta n = -\frac{2\pi e^2 N_e}{n_0 m_e(\omega_0^2 + \nu_e^2)} \tag{3.44}$$

式中：N_e 为电子密度，ν_e 为电子碰撞频率；ω_0 为辐射频率。因为自由电子而发生的变化，能够用 Drude 模型表述[85]。对于电子密度 $N_e \approx 10^{17} \sim 10^{18}\mathrm{cm}^{-3}$ 的情况，由克尔效应所引起的折射率变化 Δn_{kerr}，相对于由自由电子所引起的折射率变化来说，是可以忽略的。

自聚焦和自相位调制所引起的激光辐射强度的增强占据了主导地位。在自相位调制作用下，激光辐射电磁场所引起的极化强度的附加相位项为

$$\varphi_{NL}(\tau) = \int_0^L n_2 I(z, \tau) \frac{\omega_0}{c}\mathrm{d}z \tag{3.45}$$

式中：L 为电介质厚度。

由附加相位项所产生的光谱附加频率项，包含从斯托克斯频率最小值到反斯托克斯频率最大值之间的频率。

$$\Delta\omega_-^{SPM} = \left(-\frac{\mathrm{d}\varphi_{NL}}{\mathrm{d}\tau}\right)_{min} \tag{3.46}$$

$$\Delta\omega_+^{SPM} = \left(-\frac{\mathrm{d}\varphi_{NL}}{\mathrm{d}\tau}\right)_{max} \tag{3.47}$$

激光辐射光强分布的时间调制引起了焦点位置的变化，见式(3.35)。时空定位脉冲辐射传播经过电介质的过程中，焦点位置相对源的位移随着脉冲强度增加而增大。当强度降低时，此位移有个负号。焦点移动的过程发生在激光辐射脉宽

τ_p 满足 $\tau_p \gg \tau$ 时,其中 τ 是此过程的作用时间。

在电介质中引发自由电子的散焦和自聚焦情况下,可采用非线性薛定谔方程求解自聚焦调制,并考虑多光子电离和焦点移动[86]。薛定谔方程的解,假设了一个与频率有关的连续白光的角分布[87]。

3.2 高功率光子和物质相互作用

一般来说,高功率脉冲激光辐射与固体材料的相互作用包含许多复杂的现象。在打孔中,会同时出现光学、热学、力学或者流体动力学相关的过程。在相互作用的第一个阶段,入射光能即被分布于各个现象中。在采用近红外波长范围的超快激光辐射作用在金属上的研究中,线性吸收和双光子吸收被认为是主要的吸收机制[88-90]。部分入射能量被吸收,此能量用于体加热。随后可观测到被辐射样品的熔化和蒸发。

强超快激光辐射与物质的相互作用是部分被吸收、散射或者反射的(见 3.2.1 节)。吸收的激光辐射使物质加热。电子系统吸收激光辐射的时间尺度和随后由电子系统和声子系统相互作用而发生的物质加热的时间尺度是不同的,需要在超快激光辐射与物质相互作用时进行考虑(见 3.3.2 节)。物质温度可以升高到熔化和蒸发温度以上。给出了金属和电介质的熔化和蒸发的时间尺度(见 3.2.3 节)。3.2.6 节简要介绍了物质离子化。

由于金属和电介质不同的物理属性,下面将分别讲述金属、电介质与激光辐射的相互作用所包含的各个过程。

3.2.1 物质对激光辐射的吸收

与基于热化电子和声子系统的长脉冲激光辐射所引起的材料加热相比,飞秒激光辐射的吸收和加热是非平衡过程。激光辐射被金属中的束缚电子和自由电子所吸收。当强度 $I > I_{thr}$ 时(I_{thr} 为离子化的临界强度),吸收伴随着金属的离子化。飞秒激光辐射加热一个固体样品的时间要快于流体动力学膨胀时间,因而固体密度几乎不变。脉冲宽度 $t_p \approx 100\text{fs}$ 的激光辐射所产生的加热层厚度约 20nm。在这段时间中,生成等离子体的膨胀只有约 1nm[91]。

在一维情况下,表面的吸收系数 A 表示为

$$A = \frac{\int_0^{2t_p} \mathrm{d}t \int_0^\infty Q(z,t)\,\mathrm{d}z}{\int_0^{2t_p} I(t)\,\mathrm{d}t} \tag{3.48}$$

激光辐射的时间强度分布 $I = I_0 \sin^2\left(\dfrac{\pi t}{2t_p}\right)$，其中 $0 \leqslant t \leqslant 2t_p$，其他时刻 $I = 0$，且脉冲宽度为 t_p（FWHM 半高全宽）。焦耳热 Q 表示为

$$Q(z,t) = \frac{1}{2} \text{Re}\{\sigma_E(z,t)\} \ |E|^2 \tag{3.49}$$

电导率 σ_E 包含了带间（带间跃迁）和带内（逆韧致辐射）吸收。

$$\sigma_E = \sigma_{bb} + \sigma_D \tag{3.50}$$

逆韧致辐射用 Drude 形式表示为

$$\sigma_D = \frac{n_e e^2}{m_{eff}} \left(\frac{v + i\omega}{v^2 + \omega^2}\right) \tag{3.51}$$

此处考虑的带间跃迁发生在布洛赫电子带之间。在占据（或部分占据）原子 d 亚层的金属中，也有可能存在一个带间跃迁的不同级，即占据 d 态和费米面的跃迁。文献[92,93]考虑了带间跃迁，甚至带间跃迁对超快激光辐射的吸收具有显著贡献[94]，但此处将不再赘述。

到达样品的入射激光辐射被反射、透射或者吸收。吸收率 A 表示入射辐射被材料吸收的部分。

电介质材料的吸收率取决于激光辐射的强度，并且在激光脉冲持续时间内随时间变化。电介质对辐射的线性吸收是不可能的，因为电介质的能带间隙通常比所采用的光子能量要大得多。光能被缺陷吸收或者被电介质中多光子吸收，而储存在电介质中。当高强超短脉冲照射玻璃时，由于等离子体密度的升高，使其反射率随时间而增大。一旦临界表面等离子体密度形成，由于所诱发表面效应的存在，任何再入射激光能量都被表面所反射。在激光能量密度为 $20 \text{J}/\text{cm}^2$ 的情况下，其反射率约为 60%（$\lambda = 1064 \text{nm}$，$t_p = 350 \text{fs}$）[95]。

3.2.2 从电子到物质的能量传递

在由飞秒激光照射的一块金属内，导带中电子温度 T_e 和离子晶格（即声子）的温度 T_i 可相差几个数量级，这是因为在这个时间尺度上，电子（吸收激光辐射）和晶格之间的能量交换率相对较低。此外，电子系统中的能量转换率在 $T_e \geqslant 1 \text{eV}$ 时处于 10^{-14}s^{-1} 的量级。因此，可认为电子处于一个局部热力学平衡状态，可由某一确定温度所表征。

采用低强度飞秒激光照射金属产生的 $T_e < 1 \text{eV}$，且吸收系数基本不变。导带电子的延迟热化效应可利用吸收边界附近[93]的透射光谱进行观测。在绝对条件下，电子分布偏离平衡状态对吸收系数 A 的影响非常小。在此温度情况下，声子可由温度 T_i 所表征。能量被吸收后沉积在电子系统中，Anisimor 用双温模型（TTM）描述了电子到声子系统的能量转移[96]。亦或，采用分子动力学（MD）计算

每个原子的动力特性,但缺点是相互作用体积有限,计算原子数约 10^6[97-99]。

故为了模拟吸收系数和激光强度的关系,建立双温模型(TTM)[96]

$$C_e(T_e) \frac{\partial T_e}{\partial t} = \frac{\partial}{\partial z}\left(\kappa(T_e) \frac{\partial T_e}{\partial z}\right) - U(T_e, T_i) + Q(z, t) \qquad (3.52)$$

式中: C_e 为电子的定容比热容; κ 为电子热导率。

$$C_i(T_i) \frac{\partial T_i}{\partial t} = U(T_e, T_i) \qquad (3.53)$$

式中: C_i 为离子的定容比热容。电子-声子耦合常数表示为 γ;从电子到离子的能量转换率 U 表示为

$$U = \gamma(T_e - T_i) \qquad (3.54)$$

为了计算随 T_e 和 T_i 变化的 κ 和 U,需要知道声子光谱中的色散关系和电子-声子相互作用矩阵单元[94]。

在激光辐射过程中,当脉冲宽度比晶格加热时间大得多时,会发生电子和声子系统之间的热化。

$$\tau_i = \frac{C_i}{\gamma} \qquad (3.55)$$

式中: $\tau_i \approx 0.01 \sim 1 \text{ns}$。此后可得到电子和声子系统的一个热平衡,其温度 $T = T_i = T_e$。TTM 可简化为

$$C_i \frac{\partial T}{\partial t} = \frac{\partial k_e}{\partial x} \frac{\partial T}{\partial x} + I(t) A \alpha \mathrm{e}^{-\alpha x} \qquad (3.56)$$

式中: A 为吸收率; α 为吸收系数[100];热源项 $Q = I(t) A \alpha \mathrm{e}^{-\alpha x}$。

在飞秒激光辐射过程中,能量传递到晶格,一级近似下可忽略热传导。在文献[101-103]所介绍的此类简化情况中,烧蚀速率只与光穿透深度有关。

电介质中所吸收的能量,从高能量电子向晶格传递。此过程通过能量存储范围内的电子-声子的散射而实现,并且发生在前 $10 \sim 20 \text{fs}$[104]。大量热扩散只在几十纳秒后发生。在飞秒激光烧蚀玻璃中,需要一个十分复杂而又耗费时间的数值解来评估吸收激光能量分配。Ben-Yakar 等提出了利用一个可测量的有效光穿透深度,估算入射激光能量沉积在玻璃中的热量。吸收的激光能量存储在由光穿透所定义的薄层中。为量化辐射穿透深度,而采用了 Beer-Lambert 定律。吸收能量衰减是深度的函数,表示为

$$F_a(z) = A F_0 \exp\left(-\frac{z}{\alpha_{\mathrm{eff}}^{-1}}\right) \qquad (3.57)$$

式中: A 为玻璃的表面吸收率, $A = 0.3 \sim 0.4$; a^{-1} 为有效光穿透深度,经测量 $\alpha_{\mathrm{eff}}^{-1} = 238 \text{nm}$[105]。吸收深度的 3 个不同层定义(图 3.1)如下:

（1）烧蚀：在烧蚀深度上，表面所吸收辐射的能量密度降低到烧蚀阈值（AF_{thr}）。在此区域，形成了一个高压高温的等离子体。

（2）熔化：能量密度降到低于烧蚀阈值，玻璃不能发生光学击穿（电子数密度低于临界值），玻璃发生熔化。

（3）加热：能量密度太小，加热不足以熔化玻璃。

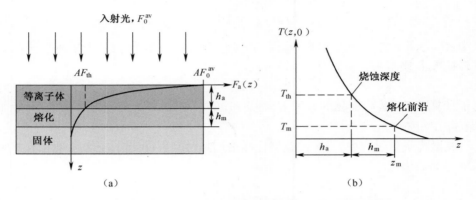

图3.1　（a）吸收深度的3个不同层的定义和（b）温度随深度变化[104]

3.2.3　熔化和蒸发

克服金属逸出功的高能自由电子能够从金属逸出，结果导致由逸出电子和母离子之间电荷分离而产生的电场会将离子从金属中拉出[106-107]。因此，在烧蚀的最初阶段，达到若干纳秒的时间范围内，经过一个无热过程有可能发射高能快速离子[108]。然而，需要注意的是，因为是无热过程，表面电荷密度比电介质材料[109]中的情况要小两个数量级。在较小逸出时间里（$\tau < 3.0\text{ns}$），可观测到辐射区域吸收的逐渐增加。这是因为接近表面的一个等离子体薄层的出现，减弱了用于诊断的发射探测激光束。

利用一些著名的基于分子动力学假设的理论实例[110]，能够较好地定性描述等离子体和熔体的动力学。如下面介绍的实验所示。与所执行的计算不同，由于聚焦条件和脉冲能量的不同，可观测到动态过程的时间尺度上有显著差异。根据固体烧蚀动力学[111-112]的理论和实验数据，膨胀始于自表面向材料内部的一个疏散波。在基底反射后，疏散波返回并向着样品表面传播。这就产生了一个薄薄的高密度层，它在低密度区域前向远离目标的方向移动。假设低密度区域是由几十皮秒内均匀形核所引起的一个液体和气体的混合区。

当脉冲宽度达到 $t_p = 1\text{ps}$ 时，只有物质中的电子系统被加热，而晶格温度升高则要延迟到5ps。利用加热的方程式（3.52）和式（3.53）和 QEOS 模型（一种蒸发的分析方法[113])的计算表明,在能量传递到晶格后,蒸发开始带走大部分能量(图 3.2(a))。而经过加热和熔化,大量的能量仍在晶格中,而引起了热负荷[108,114]。

金属计算表明,采用超快激光辐射进行冷加工的期望还没有完全实现[108]。在辐射过程中,声子系统仍是冷的。采用皮秒激光辐射金属时,凝固、最大熔体深度的形成和蒸发需要更短的作用时间(相比纳秒状态下)(图 3.2(b))。当脉冲宽度低于电子和声子耦合时间 $\tau_{e-p} \approx 10^{-10}$s 时,蒸发、熔化和凝固的特征时间饱和。如图 3.3 所示,熔体深度随着脉冲宽度和能量密度的降低而降低。即使是飞秒激光照射金属,也可探测到大于 $0.2\mu m$ 的熔体深度。

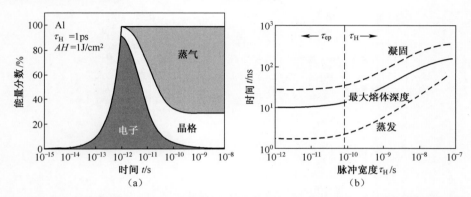

图 3.2 (a)对脉冲宽度 1ps 激光辐射的吸收后,储存在电子、晶格和蒸气中的能量百分数
以及(b)蒸发、最大熔体深度和凝固的特征时间[108]

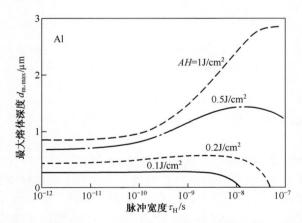

图 3.3 在不同能量密度下脉冲宽度和最大熔体深度的关系[114]

电介质材料的超快激光烧蚀(如玻璃),涵盖一系列过程,包括非线性吸收、等

离子体产生、冲击传播、熔体传播和再凝固。每个过程均有一个不同的时间尺度，可以大致归纳为以下 3 个不同的时间域(图 3.4)：

（1）经多光子和雪崩电离，在皮秒量级，部分入射激光能量被电子吸收。然后在若干皮秒时间尺度，传递到晶格（图 3.4(a)）。当电子和声子系统达到热平衡后，在表面形成了一个高压高温的等离子体。

（2）在纳秒量级，等离子体主要在垂直于目标表面方向上膨胀（图 3.4(b)）。

（3）在微秒量级，等离子体在横向和垂直方向膨胀，将烧蚀材料从表面去除（图 3.4(c)）。

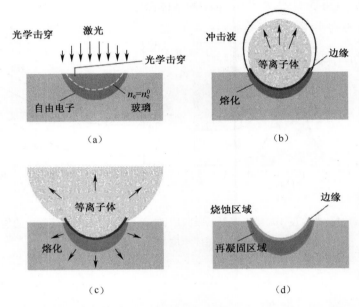

图 3.4　采用飞秒激光辐射在不同时间尺度上的电介质烧蚀过程原理
(a) $t<1ps$；(b) $1ps<t<10ns$；(c) $10ns<t<10\mu s$；(d) 烧蚀完成后。

3.2.4　熔化动力学

在电介质体如玻璃中储存的热能，会在膨胀等离子体之下形成一个瞬态浅熔区[105]。例如，Ladieu 等[115]测量得出，当用一个 100fs 激光脉冲照射时，约 8% 的入射能量被热化并传输到一块石英材料的未损伤部分。在等离子体膨胀过程中，热扩散的结果使已熔化材料的前端传播到体内。当温度低于熔化温度时，熔化部分发生再凝固。作用在熔融材料上的力在熔融体生命周期内，驱使液体从熔池的中心进入熔池的边沿，当熔融体再固化时，在烧蚀区域周围形成了一个明显的边缘。

两种主要的力可能会影响膨胀等离子体下面的熔融层的流动[104]:

（1）热毛细力（Marangoni 对流）；

（2）表面上方等离子体压力产生的力。

在激光辐射高斯光束强度分布下,由诱导温度梯度引起表面热毛细流动。表面温度梯度产生了表面张力梯度,从而驱动材料从热中心向冷外围的移动。金属中可预见到此现象,金属中表面张力 γ_s 随液体变热而下降（ $\mathrm{d}\gamma_s/\mathrm{d}T < 0$ ）。但对于玻璃 $\mathrm{d}\gamma_s/\mathrm{d}T > 0$ 。此热毛细对流在激光照射的玻璃表面,会驱使液体从冷外围进入熔体的热中心。与此相反的是实验引起熔体对流向着外围,可能是等离子体反冲压力的原因[104]。此外,玻璃中热毛细对流的影响可忽略,这是因为其高黏性使对流时间尺度比典型熔化时间尺度大得多。

等离子体施加到熔融材料上引发流体动力学的压力梯度,可在熔融表面上形成烧蚀压力梯度,从而产生向着外围的横向熔体流动。在等离子体和空气交界面处,压力梯度特别大,导致熔体向外围流动,并且在熔体表面边沿出现了一个像液体飞溅的薄层边缘。

飞秒激光辐射和电介质的相互作用结果使熔化可能发生,这已经在熔融石英和 α 石英中证实[116]。熔融石英积累效应会产生高温和高压条件,这非常有助于从非晶熔融石英向晶体石英的相变转化（结晶）。在与 α 石英的相互作用中,只观测到非晶再凝固的熔化,可能是因为晶体石英相对于熔融石英,具有较高的热导率和热膨胀吸收系数。

利用一个二维模型已完成了薄膜的流体动力学建模,可用于流体运动和等离子体压力的分析[104]。已推导出了两个特征时间尺度:

（1）Marangoni 对流:

$$\tau_M \approx \frac{\mu L^2}{\gamma_T T_m \langle h_m \rangle} \tag{3.58}$$

式中: $\langle h_m \rangle$ 为平均熔体深度; L 为典型径向尺寸; $\gamma_T = \mathrm{d}\gamma_s/\mathrm{d}T_s$ 为常数; μ 为熔体黏度。

（2）压力驱动对流:

$$\tau_P \approx \frac{\mu L^2}{\langle p_{pl} \rangle \langle h_m \rangle^2} \tag{3.59}$$

式中: $\langle p_{pl} \rangle$ 为平均等离子体压力。

计算表明,Marangoni[①] 对流的特征时间尺度比压力驱动对流约大 3 个数量级,且 $\tau_P \ll \tau_M$,即使峰值压力降低到 10% 以下也是如此。由此可以清楚地看出,自由表面上的等离子体压力要比表面张力梯度施加更多的熔体动力学影响[104]。

---

① Gibbs-Marangoni 效应是基于表面张力差异在一个液体层上或内部的质量转移。

3.2.5 烧蚀开始

假设热容和热导率为常数,可发现声子温度不同的两个几何状态:

(1) 在第一个状态中,光穿透深度 $\delta = 1/\alpha$ 超过了热扩散长度 l_{th},即 $\delta > l_{th}$;

(2) 在第二个状态中,$\delta < l_{th}$。

在深度 x 方向的烧蚀阈值定义为

$$F_a(x) \geqslant F_{th}\exp\left(\frac{x}{i}\right) \qquad i = \delta, l \qquad (3.60)$$

式(3.60)描述了两种不同的烧蚀率[3,117](图 3.5)。由于电子和声子系统之间强大的非平衡态,当能量密度 $F \geqslant 0.5J/cm^2$ 时,热扩散长度 l 小于光穿透深度。利用超快激光辐射照射金属,引起了电子系统的强烈过热 $T_e \gg T_i$,且电子和声子的弛豫时间变得比电子弛豫时间要大($\tau_{e-ph} > \tau_{e-e}$)。热导率可近似为 $\kappa \approx T_e^{-1}$,热扩散率为

$$D = \kappa/C_e \approx T_e^2 \qquad (3.61)$$

当通过增加激光能量密度以提高电子温度时,热扩散率和电子热损失会降低。

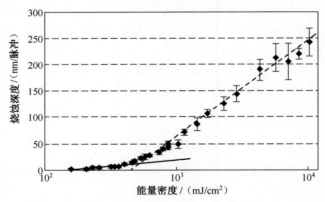

图 3.5 铜的单脉冲烧蚀深度与能量密度的关系[117]

3.2.6 电离

对物质的辐射高于光电离和碰撞电离的阈值后,会产生自由电子。当脉冲宽度较大时,电子由碰撞电离产生。而当脉冲宽度较小时,电子则由包含光电离的雪崩电离[118]产生。在雪崩电离中,一个自由电子在大电场中被加热,直到它具有足够能量去电离第二个电子。这两个电子再重复这个过程,电子数量 N 遵循以下方

程发生指数变化:

$$\frac{dN_e}{dt} = \gamma_e(E)N_e \tag{3.62}$$

式中:γ_e 为雪崩电离系数;N_e 为导带电子密度,最终电子密度为

$$N = N_e\exp(\gamma_e t) \tag{3.63}$$

吸收光能的电子与原子的碰撞产生了新的自由电子。当自由电子继续从电磁场吸收光能就导致了雪崩电离[119-121]。

电子和强电磁场(如飞秒激光辐射)的耦合可由玻耳兹曼方程表示,并没有采用唯象方程[122-123]。例如,简化的 Fokker-Planck 方程,描述了受激电介质的电子密度分布 $N_e(\varepsilon,t)$:

$$\frac{\partial N_e(\varepsilon,t)}{\partial t} + \frac{\partial}{\partial t}(R_J(\varepsilon,t)N_e(\varepsilon,t) - \gamma(\varepsilon)E_p N_e(\varepsilon,t) - D(\varepsilon,t)\frac{\partial N_e(\varepsilon,t)}{\partial \varepsilon}) = S(\varepsilon,t) \tag{3.64}$$

式中:ε 为电子的动能[124-125],动能在 $\varepsilon \sim \varepsilon + d\varepsilon$ 范围内的电子数量由 $N_e(\varepsilon,t)d\varepsilon$ 给定;R_J 为焦耳电阻,表示由电子和声子碰撞带来的能量转移;$\gamma E_p N_e$ 为电子和声子之间的能量转移;$D\partial N_e/\partial\varepsilon$ 为电子的能量扩散常数;γ 为光电离的 Keldysh 参数;S 反映了电子的来源和流失。

式(3.64)描述了在电介质情况下经雪崩和多光子电离的电子形成。经飞秒激光辐射的自由电子形成、体内诱发的机械应力和冲击波形成,能够利用 Fokker-Planck 方程式(3.64)计算得到,可简化为

$$\frac{dN_e}{dt} = \alpha_a I(t)N_e(t) + \sigma_k I^k \tag{3.65}$$

式中:$I(t)$ 为时间相关的强度;α_a 为雪崩电离系数;σ_k 是第 k 个光子的吸收截面积。

采用 Keldysh 方程表示的光电离为

$$w_{PI}(E) = \frac{2\omega}{9\pi}\left(\frac{\omega m}{\sqrt{\gamma_1 \hbar}}\right)^{3/2}Q(\gamma,x)\exp\left[-\pi\langle x+1\rangle\frac{K(\gamma_1)-\varepsilon(\gamma_1)}{\varepsilon(\gamma_2)}\right] \tag{3.66}$$

式中:$\gamma = \frac{\omega\sqrt{m\Delta}}{eE}$,$\omega$ 为辐射频率,m 为电子和空穴减少质量,Δ 为带间间隙,e 为电子电荷,E 为电场强度;$Q(\gamma,x)$ 为复泛函[126];ε,K 分别为一阶和二阶的椭圆积分,系数 $\gamma_i(i=1,2)$ 由 $\gamma_1 = \frac{\gamma^2}{1+\gamma^2}$ 和 $\gamma_2 = 1 - \gamma_1$ 给出。对于 $\gamma \ll 1$ 的小频率或者小强度,Keldysh 方程变为隧道电离。$\gamma \gg 1$ 代表了多光子电离。

3.3 超快时间尺度上的等离子体动力学匹配

高功率激光辐射与物质的相互作用开启了诸多过程:首先是自由电子对激光辐射的线性吸收,或者,由于激光辐射的强电场大于 10^6 V/m,原子的非线性电离产生自由电子,像隧道或多光子电离(见 3.3.1 节)。束缚电子部分吸收了光能,被激发到其他态。过程的多样性在 3.3.2 节中介绍。自由电子相互之间作用、自由电子与体内的原子和与体内的离子相互作用结果导致了加热(见 3.3.2 节)、熔化、蒸发和电离(见 3.3.3 节)的出现。蒸发的和部分电离的物质与电子一起形成了等离子体。关于等离子体的一些基本表述见 3.3.4 节和 3.3.5 节。等离子体和辐射的相互作用和等离子体的动力学见附录 C.1。

3.3.1 等离子体中的辐射吸收

激光辐射与物质如电介质的相互作用,在能量大于 10^{10} W/cm^2 时诱发束缚电子的非简谐振荡,从而产生自由电子。与之前所讲的非线性光学不同,这些自由电子部分吸收光能并引起自由电子的动能提升。这些电子自身可引发一些过程,如碰撞电离。

3.3.1.1 等离子体的电磁波

前面已介绍了激光辐射在非均匀等离子体中的吸收和传播,并在已知进出等离子体的电磁场的情况下,可计算出吸收量[91]。求解稳态离子(离子等离子体频率)的麦克斯韦方程,当 $\omega_L \geqslant \omega_{pe} \gg \omega_{pi}$ 时得到电磁场为

$$\begin{cases} \boldsymbol{E}(\boldsymbol{r},t) = \boldsymbol{E}_0 \exp[\mathrm{i}(\boldsymbol{k} \cdot \boldsymbol{r} - \omega t)] \\ \boldsymbol{B}(\boldsymbol{r},t) = \boldsymbol{B}_0 \exp[\mathrm{i}(\boldsymbol{k} \cdot \boldsymbol{r} - \omega t)] \end{cases} \tag{3.67}$$

色散关系见式(3.77),电子间无碰撞($v_e = 0$)

$$k^2 = \frac{\omega_L^2 \varepsilon}{c^2} = \frac{1}{c^2}(\omega_L^2 - \omega_p^2) \tag{3.68}$$

利用电介质函数:

$$\varepsilon = 1 - \frac{\omega_p^2}{\omega_L^2} = 1 - \frac{n_e(\boldsymbol{r})}{n_{ec}} \tag{3.69}$$

式中: n_{ec} 为临界电子密度(见式(3.83))。当 $\omega/\omega_{pe} < 1$ 即等同于 $n_{ec}/n_e < 1$ 时,电场的这些解出现在假设 k 中。当通过等离子体时,电场成指数衰减。而当电子密度大于临界电子密度 n_{ec} 时,传播无法进入等离子体。

激光辐射通过等离子体并不总是垂直入射,也可斜入射。例如,采用大数值孔径物镜强力聚焦在等离子体上,产生一个约为 30° 的发散角(参见 X 射线产生的相

关实验,5.1.2 节、5.1.2.1 节)。线性偏振辐射以 θ_0 进入等离子体,s 偏振是电场平行于 x 轴,p 偏振是在 yz 平面,如图 3.6 所示。假设在一维方面上也是一个线性的密度分布,电子密度可用等离子体标尺长度 L(式(3.85))计算出:

$$n_\mathrm{e}(z) = n_\mathrm{ec}\,\frac{z}{L} \tag{3.70}$$

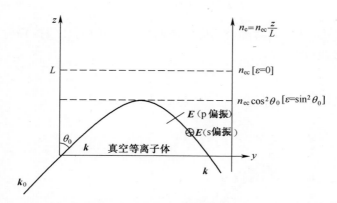

图 3.6　线性偏振辐射经等离子体在 yz 平面上的传播图

如文献[91]中所介绍的,通过求解关于等离子体参数和 S 偏振的麦克斯韦波动方程,可以获得吸收率为

$$A_\mathrm{s-pol} = 1 - \frac{|E_\mathrm{out}|^2}{|E_\mathrm{in}|^2} = 1 - \exp\left(-\frac{32 v_\mathrm{e} L \cos^5\theta_0}{15c}\right) \tag{3.71}$$

麦克斯韦方程的求解表明,p 偏振辐射有角度地入射在密度急剧升高的等离子上,在等离子体中振荡电场的大小具有奇点,此电场共振驱动了一个电子等离子体波。在如下变量中,共振吸收的吸收率比逆轫致辐射要大:高辐射强度、大辐射波长产生的高等离子体温度,导致更小的临界电子密度 n_ec 和小的等离子体标尺长度 L。

在适当偏振态和入射角度下,强度高于 $10^{15}\,\mathrm{W/cm^2}$ 时,高达 50% 的辐射被吸收,主要产生了热电子。相对于碰撞吸收,只有少部分等离子体电子获取了大部分的吸收能量。而碰撞吸收加热了所有的电子。对于一个线性密度分布和 p 偏振辐射,可得[91]

$$\alpha_\mathrm{p-pol} = 36\tau^2\,\frac{[\mathrm{Ai}(\tau)]^3}{|\mathrm{dAi}(\tau)/\mathrm{d}\tau|} \tag{3.72}$$

式中:Ai 为渐进 Airy 函数

---

① 渐进 Airy 函数 $\lim\limits_{\zeta\to\infty}\mathrm{Ai}(\zeta)\,\mathrm{Ai} = \dfrac{1}{\pi}\displaystyle\int_{-\infty}^{+\infty}\cos\left(\frac{t^3}{3}-\zeta t\right)\mathrm{d}t$

$$\begin{cases} \tau = (\omega L/c)^{1/3} \sin\theta_0 \\ \mathrm{Ai}(-\xi) \underset{\xi\to\infty}{\approx} \dfrac{1}{\sqrt{\pi}\,\xi^{1/4}} \cos\left(\dfrac{2}{3}\xi^{3/2} - \dfrac{\pi}{4}\right) \end{cases} \tag{3.73}$$

真空等离子体界面：

$$\xi = \left(\frac{\omega^2}{c^2 L}\right)^{1/3} (z - L) \tag{3.74}$$

s 偏振辐射中吸收系数随着角度增加而稳步下降,而 p 偏振辐射在约25°时呈现一个最大吸收(图 3.7)。

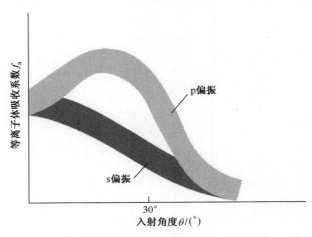

图 3.7　s 和 p 偏振辐射的等离子体吸收系数与入射角度的关系图[91]

3.3.1.2　逆韧致辐射

逆韧致辐射是一个电子与一个离子或一个电子碰撞时吸收一个光子的过程。根据分子运动论,并考虑电子和离子的分布函数,可严格计算出此过程。为了简单起见,将采用一个无电磁场的固定不动(与金属相比)离子的无限均匀等离子体的方法描述。电磁场的相速度比电子的热速度要大得多,因此热电子可以忽略。电子运动方程为

$$\frac{\mathrm{d}\boldsymbol{v}}{\mathrm{d}t} = -\frac{e\boldsymbol{E}}{m_e} - \frac{\boldsymbol{v}}{\tau_c} \tag{3.75}$$

其中有效电子-离子碰撞时间为 $\tau_c = v_{eo}^{-1}$,由式(3.114)定义。在此简化等离子模型中辐射的色散关系,可利用麦克斯韦方程和等离子体频率计算出：

$$\omega_p^2 = \frac{4\pi e^2 n_e}{m_e} \tag{3.76}$$

正交和平行的场分量的色散关系为

$$\boldsymbol{k} \cdot \boldsymbol{E} = 0: k^2 = \frac{\omega_{\mathrm{L}}}{c^2} - \frac{\omega_{\mathrm{p}}^2 \omega_{\mathrm{L}}}{c^2(\omega_{\mathrm{L}} + i v_{\mathrm{ei}})} \tag{3.77}$$

$$\boldsymbol{k} \times \boldsymbol{E} = 0: \omega^2 + i v_{\mathrm{ei}} \omega = \omega_{\mathrm{p}}^2 \tag{3.78}$$

由于正交场分量直接与激光辐射耦合,因此进一步考虑式(3.77)和式(3.78)。对于电子-离子碰撞频率来说,其比辐射频率小得多, $v_{\mathrm{ei}} \ll \omega_{\mathrm{L}}$,此时色散关系的泰勒展开式为

$$k^2 \approx \frac{\omega_{\mathrm{L}}^2}{c^2}\left(1 - \frac{\omega_{\mathrm{p}}^2}{\omega_{\mathrm{L}}^2} + \frac{i v_{\mathrm{ei}} \omega_{\mathrm{p}}^2}{\omega_{\mathrm{L}}^3}\right) \tag{3.79}$$

式(3.79)的解可通过在 $v_{\mathrm{ei}}/\omega_{\mathrm{L}} \ll 1$ 下展开平方根并利用 $\omega_{\mathrm{L}}^2 - \omega_{\mathrm{p}}^2 \gg (v_{\mathrm{ei}}/\omega_{\mathrm{L}})\omega_{\mathrm{p}}^2$ 而得到:

$$k \approx \pm \frac{\omega_{\mathrm{L}}}{c}\left(1 - \frac{\omega_{\mathrm{p}}^2}{\omega_{\mathrm{L}}^2}\right)^{1/2}\left[1 + i\left(\frac{v_{\mathrm{ei}}}{2\omega_{\mathrm{L}}}\right)\left(\frac{\omega_{\mathrm{p}}^2}{\omega_{\mathrm{L}}^2}\right)\frac{1}{1 - \omega_{\mathrm{p}}^2/\omega_{\mathrm{L}}^2}\right] \tag{3.80}$$

在 z 方向通过等离子体板的强度 I 的变化为

$$\frac{\mathrm{d}I}{\mathrm{d}z} = - \kappa_{\mathrm{ib}} I \tag{3.81}$$

逆轫致辐射的光能空间阻尼 κ_{ib} 为

$$\kappa_{\mathrm{ib}} = 2\mathrm{Im}(k) = \left(\frac{v_{\mathrm{ei}}}{c}\right)\left(\frac{\omega_{\mathrm{p}}^2}{\omega_{\mathrm{L}}^2}\right)\left(1 - \frac{\omega_{\mathrm{p}}^2}{\omega_{\mathrm{L}}^2}\right)^{1/2} \tag{3.82}$$

当定义一个临界电子密度时,有

$$n_{\mathrm{ce}} = \frac{m_{\mathrm{e}} \omega_{\mathrm{L}}^2}{4\pi e^2} \tag{3.83}$$

可得到包含电子-离子碰撞频率(式(3.114))的 κ_{ib} 为

$$\kappa_{\mathrm{ib}} = \frac{v_{\mathrm{ei}}(\dot{n}_{\mathrm{ce}})}{c}\left(\frac{n_{\mathrm{e}}}{n_{\mathrm{ce}}}\right)^2\left(1 - \frac{n_{\mathrm{e}}}{n_{\mathrm{ce}}}\right)^{-1/2} \tag{3.84}$$

式中: $v_{\mathrm{ei}}(n_{\mathrm{ce}})$ 为在临界电子密度 n_{ei} 下的碰撞频率。

一个长度 L 的等离子体板的吸收率 A 的计算方程为

$$A = \frac{I_{\mathrm{in}} - I_{\mathrm{out}}}{I_{\mathrm{in}}} = 1 - \exp\left(- \int_0^L \kappa_{\mathrm{ib}} \mathrm{d}z\right) \tag{3.85}$$

式中: I_{in}、I_{out} 分别为入射和透射强度。

对于等离子体的一个线性电子密度分布 $n_{\mathrm{e}} = n_{\mathrm{ce}}(1 - z/L)$,其中 $0 \leqslant z \leqslant L$,可得到吸收率为

$$A = 1 - \exp\left(- \frac{32}{15}\frac{v_{\mathrm{ei}}(n_{\mathrm{ce}})L}{c}\right) \tag{3.86}$$

适用于电子能量分布不变的小辐射强度。

在强度 $I > 10^{15}\mathrm{W/cm}^2$ 时，激光辐射的强电场扰乱了电子能量密度分布，也改变了电子–离子碰撞频率 v_{ei}。激光辐射在电场 E_{L} 下的电子速度为

$$v_{\mathrm{E}} = \frac{eE_{\mathrm{L}}}{m_{\mathrm{e}}\omega_{\mathrm{L}}} \tag{3.87}$$

电子的碰撞能量相比于热电子能量 v_{Te}，得出有效电子速度为

$$v_{\mathrm{eff}}^2 = v_{Te}^2 + v_{\mathrm{E}}^2 \tag{3.88}$$

在高强度且 $v_{\mathrm{E}}/v_{Te} > 1$ 时，空间阻尼率 κ_{ib}（式(3.84)）可近似为

$$\kappa_{\mathrm{ib}}^{hI} = \frac{\kappa_{\mathrm{ib}}}{\left[1 + \left(v_{\mathrm{E}}^2/v_{Te}^2\right)\right]^{3/2}} \tag{3.89}$$

当 $v_{\mathrm{E}}/v_{Te} < 1$，泰勒展开为

$$\kappa_{\mathrm{ib}}^{hI} = \frac{\kappa_{\mathrm{ib}}}{1 + \dfrac{3v_{\mathrm{E}}^2}{2v_{Te}}} \tag{3.90}$$

铝的实验吸收系数作为激光强度和波长的函数，在增加强度时，会表现出吸收率的下降（图3.8）。当增加强度，尤其是采用超快激光辐射时，时间相关似乎处于第二重要的地位。在此情况下，脉冲宽度100fs的钛–蓝宝石激光辐射在强度 $I \approx 5 \times 10^{14}\mathrm{W/cm}^2$ 时，可得到由于共振吸收而产生的吸收局部增加。

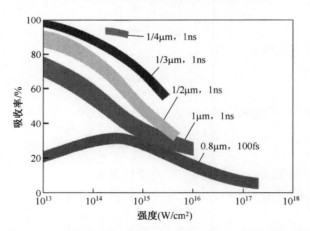

图 3.8　在不同波长和不同脉冲宽度下铝表面的吸收率与强度的关系[91]

3.3.2　等离子体加热

激光辐射与物质的相互作用表现出多样的过程，可由 3 个物理区域表示

（图 3.9）[91]：

（1）吸收：密度小于 $0.01g/cm^3$，且温度 $T \approx 100eV$。

（2）传输：密度在气体密度 $0.01g/cm^3$ 和固体密度 ρ_0 之间，且温度 $T \approx 30 \sim 100eV$。

（3）压缩：密度在固体密度 ρ_0 和 $10\rho_0$ 之间，且温度 $T \approx 1 \sim 30eV$。

脉冲宽度 $t_p \geqslant 1ns$ 的激光辐射在吸收区域产生一个电晕①，随后辐射被电晕电子所吸收[91]。在临界等离子体密度下，等离子体的井喷速度 u_{bo} 约等于声速 c_T：

$$u_{bo} \approx c_T = \left(\frac{Zk_BT_e}{m_i}\right)^{1/2} \tag{3.91}$$

电晕的尺寸约为 c_T/t_p。在脉冲宽度 $t_p < 1ns$ 的超快激光辐射下，电晕延展小且经常被忽略。电晕中吸收扩展的测量可由趋肤深度给出：

$$\delta = \frac{c}{\omega_p} \tag{3.92}$$

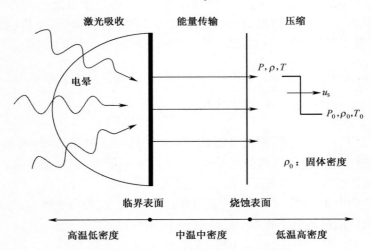

图 3.9　激光辐射—等离子体—物质相互作用方案

根据激光辐射的强度，经烧蚀产生两类电子："冷电子"，其温度 $T_e^c \approx 1eV$；"热电子"，其温度 $T_e^H > 10keV$。

（1）在低强度（$< 10^{12}W/cm^2$）时，经碰撞吸收（逆韧致辐射）从电磁场获得的能量可产生能量小于 1eV 的电子。在辐射前电子和离子具有相同的温度（$T_e = T_i$），处于局部热动平衡。通过逆韧致辐射的碰撞吸收截面尺寸为

---

① 从临界密度向外（向内为指向光源方向）的等离子体定义为电晕。

$$\sigma_{\text{coll}} \propto \frac{1}{T^{1/2}} \tag{3.93}$$

当通过碰撞吸收电子温度升高时，截面 σ_{coll} 随之降低，从而没有更多的加热发生。

（2）在高强度下，来自密度为 n_e^{crit} 的等离子体的电子通过与电磁场的相互作用而被转移进入较低密度的区域。在此区域，电子通过碰撞吸收（共振吸收）聚集超过 1keV 的高能量。由于在临界电子密度 n_e^{crit} 的等离子体中的共振吸收，电子温度与强度成比例：

$$T_e \propto I^{1/2} \tag{3.94}$$

考虑一个时域高斯强度分布，在激光脉冲最大值到来之前低强度已然达到，这导致了经碰撞吸收后低能量电子的产生。在同一脉冲的高强度 $I_L > 10^{12} \text{W/cm}^2$ 作用下，经共振吸收可产生高能量电子。

无法定义一个在热电子和冷电子之间的局部热动平衡，这是因为"冷电子"的热扩散将能量从吸收区域输送出去。"热电子"在热传导前沿之后沿着光束方向传输能量，从而引起电子的预加热。在强度为 10^{14}W/cm^2 时预加热（波长 $\lambda \approx 1\mu\text{m}$），会扰乱了热传导的能量传输。所施加的多种压力，导致不同的作用力作用在了物质表面。

（3）辐射压力：

$$P_L = \frac{I_L}{c}(1 + R) \tag{3.95}$$

辐射压为 P_L 与激光辐射的强度成正比，并且与反射率有关，在强度 $I_L > 10^{15} \text{W/cm}^2$ 时占主导地位。当强度 $I_L \geqslant 3 \times 10^{18} \text{W/cm}^2$ 时，该压力升高到 1Gbar① 以上，其作用是使等离子体密度梯度变陡，接近临界密度。

（4）由"热电子" P_e^H、"冷电子" P_e^c 和离子 P_i 所产生的电子压力，与温度 T_e^H、T_e^c 和 T_i 相关。假设是电子和离子的理想气体，则有：

$$\begin{cases} P_e^c = n_e k_B T_e^c \\ P_e^H = n_H k_B T_e^H \\ P_i = n_i k_B T_i \end{cases} \tag{3.96}$$

（5）反冲压力 P_a 与加热的蒸气流和固体表面的等离子体有关。烧蚀压力驱使冲击波进入固体，并压缩固体。由于"热电子"对能量传输的抑制，而降低了烧蚀压力。对于在低密度热等离子体上的高密度冷等离子体的情况，可能会发生流体动力不稳定性（见附录 C.5）。

---

① 随着接近临界密度的等离子体密度梯度的增加，此压力升高超过 1Gbar。

3.3.3　等离子体电离

强超快激光辐射产生等离子体的讨论与 Eliezer 的工作密切相关[91]。电离是一个中性原子变成一个离子的过程。或更概括地说,一个失去 j($j = 0,1,2,\cdots$)个电子的原子(或离子,记为 A_j)被转变为一个失去 $j+1$ 个电子的原子(A_{j+1})。在离子 A_j 和 A_{j+1} 中的每单位质量 N 个粒子的热平衡中,以下化学方程式是成立的:

$$A_j \leftrightarrow A_{j+1} + e^- \qquad j = 0,1,2,\cdots \qquad (3.97)$$

$$\delta N_j = -\delta N_{j+1} = \delta N_e \qquad (3.98)$$

热力学状态可由自由能 F 表示。在热力学平衡中,自由能 $F(T,V,N)$ (T 为温度; V 为体积,体积是密度的倒数, $V = \rho^{-1}$, N 为粒子数)最小化为

$$F(T,V,N) = -\sum_j N_j k_B T \ln \frac{eQ_j}{N_j} - N_e k_B T \ln \frac{eQ_j}{N_e} \qquad (3.99)$$

$$\delta F = \sum_j \frac{\delta F}{\delta N_j}\delta N_j + \frac{\delta F}{\delta N_e}\delta N_e = 0 \qquad (3.100)$$

据此, Q_j 和 Q_e 是离子和电子的配分函数,定义为

$$Q = \sum_i \left(-\frac{\varepsilon_i}{k_B T}\right) \qquad (3.101)$$

式中: k_B 为玻耳兹曼常数; ε_i 为表述等离子体系统的哈密顿能量本征态。

求解式(3.98)~式(3.100),得

$$\frac{N_{j+1}N_e}{N_j} = \frac{Q_{j+1}Q_e}{Q_j} \qquad j = 0,1,2,\cdots \qquad (3.102)$$

应用 Saha 方程,有

$$\frac{n_{j+1}n_e}{n_j} = \frac{2U_{j+1}}{U_j}\left(\frac{2\pi m_e k_B T}{h^2}\right)^{3/2} \exp\left(-\frac{I_j - \Delta I_j}{k_B T}\right) j = 0,1,2,\cdots,(Z-1)$$

$$(3.103)$$

式中: n_{j+1} , n_j 为第($j+1$)和第 j 个电离态的密度($n = N/V$); n_e 为电子密度; U_{j+1} , U_j 为离子配分函数的内部部分; m_e 为电子质量; h 为普朗克常数; I_j 为基态的电离能量; $\Delta I_j = \varepsilon_{j+1,0} - \varepsilon_{j,0}$ 为等离子体局部静电场的电离势降低。

Saha 方程对处于局部热力学平衡(LTE)的等离子体是有效的。动态属性如电子和离子的速度、配分、电离态密度在 LTE 下都遵循玻耳兹曼分布。热力学平衡的 LTE 除了普朗克辐射定律外都是有效的。甚至当等离子体中存在温度梯度时,LTE 也可能有效。当电子−离子或者电子−电子之间的频繁碰撞产生平衡时,高密度等离子体也满足 LTE。在等离子体中能量可以扩散,那么等离子体就不必与等离子体粒子达到热平衡。

下面介绍截面和碰撞频率

截面 σ_{ab} 定义了碰撞概率

$$dF = -\sigma_{ab}F_a n_b dl \tag{3.104}$$

适用于具有通量 F_a 的粒子束去碰撞其他稳态粒子(密度 n_b),厚度为 dl。截面也定义了吸收系数:

$$\mu_a = \sum_b n_b \sigma_{ab} = \frac{1}{l_a} \tag{3.105}$$

利用等离子体各部分求和及平均,也称为平均自由程 l_a。

碰撞频率为

$$v_{ab} = n_b \sigma_{ab} v_a = \frac{v_a}{l_a} \tag{3.106}$$

在速度为 $\boldsymbol{v}_a$ 的粒子 a 和含有粒子 b 的媒介之间的碰撞频率被定义为粒子中每秒碰撞的次数。库仑力影响电离等离子体中的带电粒子的轨道。卢瑟福微分散射截面为

$$\frac{d\sigma_{ei}}{d\Omega} = \left(\frac{1}{4}\right)\left(\frac{Ze^2}{m_e v^2}\right)^2 \frac{1}{\sin^4(\theta/2)} \tag{3.107}$$

表述了一个电子和一个静止离子的碰撞。其中 Ze 为电荷;m_e 和 v 分别为电子质量和速度;θ 为散射角;$d\Omega$ 为微分立体角。散射角 θ 在库仑力起作用前(图 3.10)采用渐进的定义,其与碰撞参数 b 有关:

$$b\tan\frac{\theta}{2} = \frac{Ze^2}{m_e v^2} \tag{3.108}$$

总截面得出:

$$\sigma_{ei} = \int_{-\infty}^{\infty} d\Omega \frac{d\sigma_{ei}}{d\Omega} = \frac{\pi}{2}\left(\frac{Ze^2}{m_e v^2}\right)^2 \int_0^\pi d\theta \frac{\sin\theta}{\sin^4(\theta/2)} \tag{3.109}$$

当 $\theta = 0$ 时发散,或等同于 $b \to \infty$。长程相互作用被邻近带电粒子屏蔽,因而存在一个有效 b_{max} 来取代 $b \to \infty$;b_{max} 是德拜长度(见附录 C.2),$b = 0$ 由给出的最接近 l_{ca} 来代替。

$$\frac{Ze^2}{l_{ca}} = k_B T_e \tag{3.110}$$

电子-离子碰撞频率的估值可由总截面得到:

$$\sigma_{ei} \approx \pi l_{ca}^2 \propto T_e^{-2} \tag{3.111}$$

假设为麦克斯韦分布,已知 LTE 下的电子速度分布,则热速度为

$$v_T^2 = \frac{2k_B T}{m_e} \tag{3.112}$$

结合以上方程与式(3.106)和式(3.111),且 $v_a = v_T$ 时可得到电子-离子碰撞频率

的估值：

$$v_{ei} \approx \frac{\sqrt{2}\,\pi Z^2 e^4 n_i}{\sqrt{m_e}\,(k_B T_e)^{3/2}} \qquad (3.113)$$

v_{ei} 的准确计算为[91]

$$v_{ei} = \frac{4\sqrt{2\pi}\,Z^2 e^4 n_i \ln\Lambda}{3\sqrt{m_e}\,(k_B T_e)^{3/2}} \qquad (3.114)$$

其中碰撞通路 Λ 为

$$\Lambda = \frac{b_{max}}{b_{min}} \qquad (3.115)$$

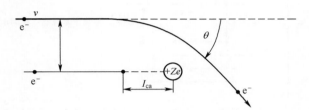

图 3.10　一个电子与一个电量 Ze 的正离子碰撞图

3.3.4　电子跃迁和能量传输

等离子体中一部分的电子,能够通过发射或者吸收辐射,从一个初始态跃迁至一个最终态。如图 3.11 所示,可能存在不同的跃迁：

(1) 束缚－束缚(bb)：通过改变量子能级而发射一个光子(线性发射) $i_1 \rightarrow i_2 + \gamma$,或者吸收一个光子(线性吸收) $\gamma + i_2 \rightarrow i_1$ 。

(2) 束缚－自由(bf)：当一个自由电子被一个离子捕获而发射一个光子(辐射复合) $e^- + i_1 \rightarrow i_2 + \gamma$,或者一个光子被一个离子吸收而产生一个自由电子(光电效应) $\gamma + i_2 \rightarrow i_1 + e^-$ 。

(3) 自由－自由(ff)：一个电子和一个离子碰撞而以光子形式发出辐射(韧致辐射) $e^- + i_1 \rightarrow e^- + i_1 + \gamma$,而逆过程在激光辐射吸收中发挥着重要作用(逆韧致辐射) $e^- + i_1 + \gamma \rightarrow i_1 + e^-$ 。

光子作为粒子的特征由其能量 E_v 、波长 λ 和动量 p_v 来表示,这些又和频率 v 和光速 c 有关：

$$\lambda = \frac{c}{v}, \quad E_v = hv, \quad p_v = \frac{hv}{c}$$

等离子体的折射率为

$$n_R = \left(1 - \frac{v_{pe}^2}{v^2}\right)^{1/2} \tag{3.116}$$

式中：v_{pe} 为电子碰撞频率；等离子体中的光速表示为 $c_p = c/n_R$。

为了写出输运方程，需要定义一些参量，如由发射率、诱导发射和不透明度所描述的总发射。

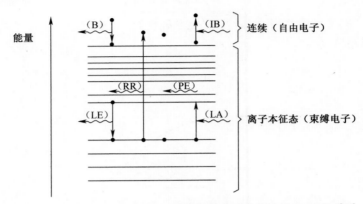

图 3.11　一个离子或原子中与辐射发射或吸收有关的电子跃迁[91]

3.3.4.1　总发射

发射率 j_v 代表了介质的自发发射，并与介质的原子、电离度和温度有关。单位体积和时间的自发辐射能量为

$$j_{se} = j_v dv d\Omega \tag{3.117}$$

光谱辐射强度 I_v 定义为在立体角 $d\Omega$ 内 Ω 方向上在 v 和 $v + dv$ 之间单位频率下单位时间、单位面积的辐射能量。

诱导发射 j_{ie} 表示为

$$j_{ie} = j_v \left(\frac{c^2 I_v}{2hv^3}\right) dv d\Omega \tag{3.118}$$

括号中的项定义了在同一相空间作为发射光子的光子数量。

3.3.4.2　不透明度

吸收和散射可表示为

$$j_a = \kappa_v I_v dv d\Omega \tag{3.119}$$

其中不透明度

$$\kappa_v = \frac{1}{l_v} = \sum_j n_j \sigma_{vj} \tag{3.120}$$

式中：l_v 为平均自由程；n_j 为粒子 j 的密度；σ_{vj} 为吸收或散射的适当截面。

结合式(3.117)~式(3.119)，并考虑光谱辐射强度与时间的求导，可得到输运方程为

$$\frac{\mathrm{d}I_v}{\mathrm{d}t} = \frac{1}{c}\left(\frac{\partial I_v}{\partial t} + c\boldsymbol{\Omega} \cdot \nabla I_v\right) = j_{\mathrm{se}} + j_{\mathrm{ie}} - j_{\mathrm{a}} \tag{3.121}$$

$$\frac{\mathrm{d}I_v}{\mathrm{d}t} = \frac{1}{c}\left(\frac{\partial Iv}{\partial t} + c\boldsymbol{\Omega} \cdot \nabla I_v\right) = j_v\left(1 + \frac{c^2 I_v}{2hv^3}\right) - \kappa_v I_v \tag{3.122}$$

在热平衡中，自发辐射 j_v 和吸收率 k_v 的比值是一个关于频率和温度的通用函数，有

$$\frac{j_v}{k_v} = \frac{2hv^3}{c^2}\exp\left(-\frac{hv}{k_{\mathrm{B}}T}\right) = I_{vp}\left[1 - \exp\left(-\frac{hv}{k_{\mathrm{B}}T}\right)\right] \tag{3.123}$$

$$I_{vp} = \frac{2hv^3}{c^2}\left[\exp\left(-\frac{hv}{k_{\mathrm{B}}T}\right) - 1\right] \tag{3.124}$$

$$j_v = \kappa_v\left[1 - \exp\left(-\frac{hv}{k_{\mathrm{B}}T}\right)\right]I_{vp} \tag{3.125}$$

式(3.125)作为基尔霍夫定律，描述了辐射和吸收之间的平衡。将式(3.122)中的第二项 j_v 代入式(3.125)和式(3.124)，得

$$j_v \frac{c^2 I_v}{2hv^3} = -\kappa_v I_v \tag{3.126}$$

最终得到的热平衡中输运方程为

$$\frac{\partial I_v}{c\partial t} + \boldsymbol{\Omega} \cdot \nabla I_v = \kappa_v'(I_{vp} - I_v) \tag{3.127}$$

式中：$\kappa_v' = \kappa\left[1 - \exp\left(-\frac{hv}{k_{\mathrm{B}}T}\right)\right]$。此方程也适用于局部热平衡(LTE)中的等离子体。

3.3.5 等离子体的介电函数

与等离子体相互作用的高功率激光辐射经过等离子体时会被折射、偏转和吸收。等离子体的光学属性由介电常数所概括。等离子体可被视为一个具有标量介电函数的电介质。假设电荷表示为

$$\begin{cases} \rho_{\mathrm{e}} = -en_{\mathrm{e}} + qn_0 \\ \boldsymbol{J}_{\mathrm{e}} = -en_{\mathrm{e}}\boldsymbol{v}_{\mathrm{e}} \end{cases} \tag{3.128}$$

离子 n_0 是静止的，相对于电子运动，其作为一个电荷中和的背景。对于单色电磁场

$$\begin{cases} \boldsymbol{E}(\boldsymbol{r},t) = \boldsymbol{E}(\boldsymbol{r})\exp(-\mathrm{i}\omega t) \\ \boldsymbol{B}(\boldsymbol{r},t) = \boldsymbol{B}(\boldsymbol{r})\exp(-\mathrm{i}\omega t) \end{cases} \tag{3.129}$$

采用牛顿定律计算出电子速度 $\boldsymbol{v}_\mathrm{e}$：

$$\frac{\partial \boldsymbol{v}_\mathrm{e}}{\partial t} + v_\mathrm{e}\boldsymbol{v}_\mathrm{e} = -\frac{e}{m_\mathrm{e}}\boldsymbol{E}(\boldsymbol{r})\exp(-\mathrm{i}\omega t) \tag{3.130}$$

其中 v_e 定义了电子碰撞频率。式(3.130)的解为

$$\boldsymbol{v}_\mathrm{e}(\boldsymbol{r},t) = \frac{-\mathrm{i}e\boldsymbol{E}(\boldsymbol{r},t)}{m_\mathrm{e}(\omega + \mathrm{i}v_\mathrm{e})} \tag{3.131}$$

将式(3.131)代入式(3.128)，根据等离子体频率式(C.33)(附录 C)可得到电流为

$$\boldsymbol{J}_\mathrm{e}(\boldsymbol{r},t) = \sigma_\mathrm{E}\boldsymbol{E}(\boldsymbol{r},t) \tag{3.132}$$

其中电导率表示为

$$\sigma_\mathrm{E} = \frac{\mathrm{i}\omega_\mathrm{pe}^2}{4\pi(\omega + \mathrm{i}v_\mathrm{e})} \tag{3.133}$$

将式(3.132)代入麦克斯韦方程中，有

$$\nabla \times \boldsymbol{B} = \frac{1}{c}\frac{\partial \boldsymbol{E}}{\partial t} + \frac{4\pi}{c}\boldsymbol{J}_\mathrm{e} \tag{3.134}$$

并假设线性函数和利用 $\partial t = -\mathrm{i}\omega$，得

$$\nabla \times \boldsymbol{B} = \frac{1}{c}\frac{\partial(\varepsilon\boldsymbol{E})}{\partial t} \tag{3.135}$$

由此，式(3.77)所给出的介电函数重新表示为

$$\varepsilon = 1 - \frac{\omega_\mathrm{pe}^2}{\omega(\omega + \mathrm{i}v_\mathrm{e})} = 1 + \mathrm{i}\frac{4\pi\sigma_\mathrm{E}}{\omega} \tag{3.136}$$

根据麦克斯韦方程的电磁场空间依赖性正比于 $\exp(\mathrm{i}k\cdot\boldsymbol{r})$，可得到等离子体中电场的色散关系：

$$k^2 = \frac{\omega^2\varepsilon}{c^2} \Leftrightarrow \omega^2 = \omega_\mathrm{pe}^2 + k^2c^2 \tag{3.137}$$

等离子体的折射率为

$$n_\mathrm{p} = \sqrt{\varepsilon} = n_\mathrm{R} + \mathrm{i}n_\mathrm{I} \tag{3.138}$$

3.3.6　有质动力

在物理学中，有质动力是指带电粒子在快速振荡的不均匀电场或者电磁场中所承受的非线性力[127]。有质动力的表述首次是由开尔文(约 1850 年)和亥姆霍兹(1881 年)提出。两者都失败了，在 20 世纪 50 年代，Landau 和 Lipschitz 获得了

正确的表述[128-129]。有质动力 f_p 表示为

$$f_p = -\frac{\omega_p^2}{16\pi\omega_L^2}\nabla E_S^2 \tag{3.139}$$

式中：ω_p 为等离子体频率，见附录 C 中式(C.33)；ω_L 为场的振荡频率；E_S 为与空间相关的电场。

$$E = E_S(r)\cos(\omega_L t) \tag{3.140}$$

式(3.140)描述了在一个不均匀振荡场中的电子，不仅在频率 ω_L 下振荡，而且向弱场区漂移。

在等离子体激光物理中的许多物理现象中都包含有质动力[91]：

（1）动量转移到一个目标；

（2）激光束的自聚焦和成丝；

（3）等离子体密度分布变化；

（4）参数不稳定性；

（5）二次谐波发生；

（6）磁场产生。

有质动力的原理可通过考虑振荡电场中电荷运动去理解。在均匀场中，经一个周期振荡后电荷回到初始位置。反之，在不均匀场中，经一个周期振荡后，电荷到达的位置向着较低场振幅区域偏移。在较高场振幅的转折点处施加在电荷上的力，比在较低场振幅的转折点处施加在电荷上的力要大，由此产生了驱动电荷向弱场区域移动的净力。

第4章
泵浦和探测基础

要开展泵浦和探测实验,需要明确超快激光辐射的重要参数,如脉冲宽度和相关性等。为了能够给出研究过程中的可靠信息,需要准备探测辐射。

用来探测物质状态的超快激光辐射,经反射光学系统而被导向样品。在这种情况下,能够改变辐射的一些属性,如脉冲宽度、光谱带宽、相关性(见 4.1 节)。当使用传输光学元件时,如透镜、板和物镜,相比具有大脉冲宽度($t_p > 1\text{ns}$)的单色激光辐射,超快激光辐射需要更加谨慎的处理。

物质的状态可以通过探测辐射来准备,这意味着必须表征辐射本身。(见 4.2 节)。通常利用探测激光辐射照明相互作用体和周围环境。光学辐射和光学显微的衍射理论基础在 4.3 节中讲述。同时也给出了采用非相干和相干辐射的成像系统分辨力的差异。在泵浦和探测实验中,探测辐射需要相对于泵浦辐射的时间延迟。不同的方法在 4.4 节中介绍。

4.1 超快激光辐射

泵浦和探测辐射中采用的超快激光辐射的传播在 4.1.1 中介绍。超快激光辐射可以用技术领域中常见的衍射极限单色激光辐射来描述,即脉冲宽度、波长、光谱带宽和偏振度等光束参数。经过电介质材料,超快激光辐射在物理学上发生空间和时间的变化:

(1)空间上,辐射的相位和脉冲波前由于散射而不等,这是因为脉冲和相位波前的速度不同(见 4.1.2 节)。

(2)时间上,辐射的光谱组分延迟,称为啁啾。

除了激光辐射的时间-空间分布,还需要考虑色散和相干性。

4.1.1　光束传播

峰值强度大于 $10^{12}\mathrm{W/cm^2}$ 超快激光辐射的光束引导,因稠密介质中的非线性效应,而必须对光束传播进行特殊处理(见 3.1 节)。利用以下方法可以避免特殊处理:

(1)通过增大光束直径而降低强度。

(2)通过更换具有更小非线性系数的传播媒介而增加自聚焦的阈值强度。

(3)当强度超过 $10^{12}\mathrm{W/cm^2}$ 时,将实验移至真空中而消除自聚焦。

尽管第三种处理方法是最复杂和最昂贵的,但也是最好的。由于真空装置的振动会传递到实验中,还需付出更多努力以获得一个防振装置,尤其是对于亚微米研究和应用。

4.1.2　色散

为了产生高强度,需聚焦超快激光辐射到一个点。在经过光学元件的过程中,具有大光谱带宽的激光辐射如超快激光辐射,要承受脉冲宽度的扩展,这是因为折射率的色散与波长有关。

如文献[72]所述,利用经厚度为 L 的玻璃板的一个平面波的场振幅方程式(3.6),可求解麦克斯韦波动方程式(3.5),此时在电场中有

$$\widetilde{\varepsilon}_2(\omega) = \widetilde{\varepsilon}_1(\omega)\,\mathrm{e}^{(-\mathrm{i}L[k(\omega)-\omega/c])} \tag{4.1}$$

对式(4.1)中的波数 k 在载波频率 ω_t 处进行泰勒展开:

$$\widetilde{\varepsilon}_2 \approx \widetilde{\varepsilon}_1(\omega)\,\mathrm{e}^{\left(-\mathrm{i}\left[\left(k_l-\frac{\omega}{c}\right)L+k_l'L(\omega-\omega_l)+\frac{k_l''L}{2}(\omega-\omega_l)^2\right]\right)} \tag{4.2}$$

式中:(k_i') 为群速度 $(k_l')^{-1}=v_g$;k_l'' 为群速度色散(GVD),(见式(3.9))。忽略 GVD,厚度为 L 的玻璃板引入了一个时间延迟:

$$\Delta\tau = \frac{L}{c}\left(\underbrace{(n-1)}_{\text{第一项}} - \underbrace{\lambda_l\left[\frac{\mathrm{d}n}{\mathrm{d}\lambda}\right]_{\lambda_l}}_{\text{第二项}}\right) \tag{4.3}$$

此时由有玻璃和没有玻璃(第一项)的光学路径长度不同和群速度 v_g(第二项)导致了时间延迟。群速度定义为

$$v_g^{-1} = \frac{1}{c}\left(n - \lambda\,\frac{\mathrm{d}n}{\mathrm{d}\lambda}\right) \tag{4.4}$$

GVD 所引起的 $k(\omega)$ 泰勒展开的第三项会导致相位变形。群速度延迟 $\frac{L}{c}\lambda_l$ $\left[\frac{\mathrm{d}n}{\mathrm{d}\lambda}\right]_{\lambda_l}$ 表示了脉冲包络相对于波形的滑移,而 GVD 使得脉冲不同部分以不同速

度传播,从而导致了脉冲变形。因此,相位波前相对于脉冲波前提前出现在聚焦区域。

4.1.3 相干性

相干性是激光辐射的一个重要属性。激光辐射能够与物质发生相干的相互作用。辐射与物质的相干相互作用包含一个比激发介质的相位存储更小的辐射脉冲宽度。对于脉冲宽度远小于50fs[72]的超快激光辐射,此激光辐射与物质的相干相互作用在泵浦和探测计量中发挥着重要作用。但是,目前可利用资源的发展进步还不足以用于工业应用。因此,将不再考虑相干相互作用。

另外,激光辐射与探测辐射发生相干作用。在泵浦和探测技术中将相干性用于相位变化的时间分辨力可视化。电场 E_1 和 E_2 的相干性通过互相关函数进行量化:

$$\langle E_1 E_2^* \rangle = \lim_{T \to \infty} \frac{1}{2T} \int_{-\infty}^{\infty} E_1(t) E_2^*(t - \tau) \mathrm{d}\tau \qquad (4.5)$$

互相关表述了已知第一个电场值而去预知第二个电场值的能力。第二个场不必与第一个场不同。既然如此,互相关变成了一个自相关函数。在统计光学中互相关函数称为互相干函数。超快激光辐射的光学相干性存在时间、空间和光谱相干性。

1. 时间相干性

时间相干性定义为在两个不同时间下电场值的相互关系,由延迟 τ 来区分:

$$\Gamma_{11}(\tau) = \langle E_1(t - \tau) E_1^*(t) \rangle \qquad (4.6)$$

超快激光辐射的时域相干持续时间与脉冲宽度 t_p 相当。

2. 空间相干性

空间相干性表示电场空间中两点平均随时间的干涉。空间相干性是电场空间中两点的互相关。

$$\Gamma_{12}(\tau) = \langle E_1(t - \tau) E_2^*(t) \rangle \qquad (4.7)$$

表现出明显干涉的两点间的距离称为空间相干长度。通常,激光辐射在整个光束区域具有绝对的空间相干性。

考虑到在不同两点 r_1 和 r_2 处[62]随时间 t 波动的电场标量 $E_1(t)$ 和 $E_2(t)$ 的互相关函数:

$$\Gamma_{12}(\tau) = \langle E_1^*(t) E_2(t + \tau) \rangle \qquad (4.8)$$

$\tau = 0$ 的互相干函数称为互强度,定义为

$$J_{12} = \Gamma_{12}(0) \qquad (4.9)$$

相干的复合度定义为归一化的互相干:

$$\gamma_{12}(\tau) = \frac{\Gamma_{12}(\tau)}{\sqrt{I_1 I_2}} \qquad (4.10)$$

其中自相干

$$I_j = \Gamma_{jj}(0) \quad (j = 1,2) \tag{4.11}$$

由式(4.10)所定义的相干复合度 γ_{12} 与辐射双光束干涉中出现的空间干涉条纹的可见度有关。可见度定义了从 $v = 1$（全部干涉）到 $v = 0$（无干涉）的范围内强度的调制深度。在一个点 r 处，相干复合度和可见度的关系为

$$v = \frac{I_{\max}(r) - I_{\min}(r)}{I_{\max}(r) + I_{\min}(r)} = |\gamma_{12}(\tau)| \tag{4.12}$$

式中：$I_{\max}(r), I_{\min}(r)$ 为辐射场中强度的最大和最小值。

相干的复合度反映了空间-时间域中准单色电场的空间相关性。超快激光辐射的可见度在空间和时间上是有限的，因此为了得到在最大可见度处的相位信息，需采用相对应的仪器设备。

3. 光谱相干性

光谱相干性在宽光谱激光辐射的空间相关性中得到重视。光谱相干性的一个核心效应是相关诱导光谱的变化，称为 Wolf 效应[130]。不同频率的电场如果具有一个固定的相对相位关系，就能够发生干涉而形成一个脉冲。反之，如果不同频率的波是不相干的，那么当结合时，它们会产生一个时间连续的波（如白光或白噪声）。光谱相干性的一种测量方法是脉冲宽度带宽乘积（PBP）。脉冲宽度 $\tau_p \leq 200\mathrm{fs}$、强度 $I > 10^{10}\mathrm{W/cm}^2$ 的激光辐射与电介质相互作用，表现出不可忽略的光谱带宽。辐射的脉冲宽度 τ_p 和光谱带宽 $\Delta\omega_p$ 与脉冲宽度带宽乘积相关：

$$\Delta\omega_p t_p = 2\pi\Delta v_p t_p \geq 2\pi c_B \tag{4.13}$$

式中：c_B 为数值因子，对于高斯情况 $c_B = 0.441$，对于双曲正割（sech）$c_B = 0.351$，对于洛伦兹时间分布 $c_B = 0.142$ [72]。如果相位与频率线性相关（即 $\phi(\omega) \propto \omega$），脉冲带宽将有一个最小持续时间（作为一个有限变换的脉冲），否则发生啁啾 $b \approx \phi(\omega) \propto \omega$。对于脉冲宽度 $\tau_p < 200\mathrm{fs}$ 的激光辐射，PBP 表征了一个光谱带宽大于 10nm 的非单色激光辐射。电介质中色散的结果是使带宽受限激光辐射的脉宽增加。用于泵浦和探测计量的重要参数脉冲宽度与光谱带宽紧密相关，如式(4.13)所示。辐射的光谱带宽能够阻碍实验进行，或至少是增加工作量，因为必须要对辐射啁啾进行检测。

4.2 探测光束状态和条件的准备

超快激光辐射对物质的照射诱发了一系列的物理和化学变化。泵浦和探测实验可实现对由泵浦光束所引发变化的检测，如由激光引起的熔化而导致的反射率变化。泵浦光束通过加热和熔化来激发物质，一般而言，泵浦和探测实验采用两束或更多的光束。

（1）第一束光束：泵浦光束，用于一些物理、化学或者生物属性的改变。

（2）第二束光束：探测光束，用于属性变化的检测。

物理系统的变化称为系统准备，在 4.2.1 节中介绍。利用超快激光辐射的时域整形来改变状态属性的技术在 4.2.2 节中介绍。用来测量已准备好状态的技术在 4.2.3 节中介绍。4.2.4 节中讲述的是测量探测辐射条件的诸多技术。

4.2.1　状态准备

利用探测光束研究物质的属性，可通过对探测光束参数变化的检测得到。

· 能量

· 波长

· 啁啾

· 偏振

· 脉冲宽度

· 强度分布

物质状态由物质的特性表述，如密度、反射率、电导率等。泵浦光应只改变一个特性，而探测光束必须在不改变这些特性的情况下进行检测。变化特性的个数与探测辐射的光束参数有关。一般来说，有必要以无限的精度了解物质的所有相关特性。

已知一种使测量可行的观点，以一种适当方法进行实验准备，只改变一个与工艺过程相关的特性，而忽略其他变化。实验准备是最重要的部分。通过选择性的使用和改变辐射的工艺过程参数来实现对物质的准备。例如，正交偏振激光辐射，表现出泵浦光对物质的选择性激发。选用偏光器作为分析滤波器，可独立于泵浦辐射进行激发物质的探测。

4.2.2　光谱-时域整形状态的准备

探测辐射的状态准备可通过探测辐射的时域整形实现①。在最简单方法中，由脉冲宽度所定义的原始脉冲分布就驱动了此过程（图 4.1）。为启动一个明确的反应，采用了探测辐射的时域整形。脉冲整形可由如下方法获得：

（1）采用液晶显示器（LCD）的空间光调制；

（2）采用一个 AOPDF（可编程声光色散滤波器）的声光调制。

在时间尺度小于 1ns 时，没有设备可用于辐射的时间调制。基于此，采用脉冲整形器去调制光谱分布。采用进化或者遗传算法，通过一个自学习过程使化学反

---

① 内容部分来自 Georgia 超快光学中心的一个讲座 http://www.physics.gatech.edu/gcuo/.

应得到优化(图4.1)。

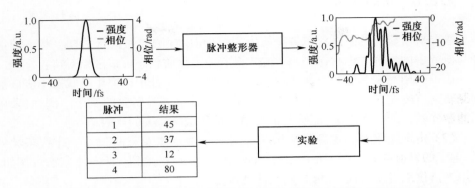

脉冲	结果
1	45
2	37
3	12
4	80

图4.1　利用一个脉冲整形器并采用具体控制方法对脉冲形状(强度和相位)
剪裁并产生一个适当强度和相位分布①的方案

空间光调制器采用全光学傅里叶变换并借助一个零色散展宽器,对激光辐射进行时间调制。光栅将辐射分散,并在辐射波长和衍射角之间建立了相关性。第一个透镜将角映射到相应位置,第二个透镜和光栅消除了时空畸变(图4.2(a))。液晶制作的相位掩模选择性的延迟颜色并控制激光脉冲的振幅和相位。两块掩模或"空间光调制器"一起可实现任何期望脉冲。液晶沿着所施加直流电场方向定向排列,引发一个与所加电压相关的相位延迟(或者双折射)。液晶可以用于相位掩模和振幅掩模。

可编程声光色散滤波器的使用中不需要零色散展宽器,因此也没有时空脉冲畸变。在双折射晶体中产生一个沿光束方向的声波(图4.2(b)),输入的偏振光被声波衍射。旋转偏振的频率与声波频率有关。晶体中的相对延迟与两个偏振的相对群速度有关。每个波长下的附加相位延迟依赖于声波进入晶体的穿透深度、波长和折射率。每个波长下声波的强度决定了此波长下输出波的振幅。

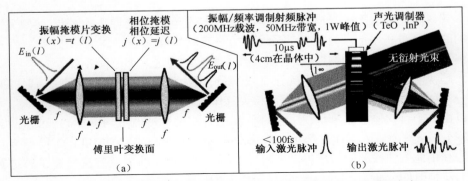

图4.2　(a)空间光调制器的方案和(b)可编程声光色散滤波器的方案

4.2.3　状态测量

需要对所研究的激发状态进行检测,并且利用探测辐射进行采样。状态的选择与研究中的物理过程和探测辐射的效果有关。物质状态可以区别对待:

(1)利用光束参数的光学测量实现状态的采样。处于研究中的状态不应该被探测辐射所改变。此处给出了类比于一个理想量子力学实验的例子。例如,采用泵浦激光辐射的二次谐波,能够分析与辐射角和偏振有关的反射率。

(2)由探测辐射引发的从初始状态到一个确定激发态的激发。此状态经粒子、电子的发射或者内部能量的变化,如转换成热,而松弛到一个基本状态。例如,采用光谱仪或者质谱仪,能够检测到此弛豫时间。

(3)由一个探测脉冲引发的从初始状态到一个中间态的激发。这一新的状态由另一个探测脉冲探测。例如,探测光束引发的第一个激发增大了吸收截面,而由第二个探测脉冲引发的第二个过程,如二次谐波产生(SHG),用于检测物质状态。

某一状态的产生和检测需要影响这些状态的全部辐射参数的相关知识。因此,例如,为了建立辐射光谱成分和时间的相关性,对于时间分辨光谱来说,辐射啁啾的知识是必需的。

除了利用激光辐射参数的选择对泵浦和探测实验进行准备外,也可利用时域整形探测辐射进行准备。时域整形辐射选择性与物质的相互作用,使得对激发态的测量成为可能。选择性是由被研究物质的化学键属性相匹配的辐射电场所给出的。比如键封锁,时域整形激光辐射表现出了明确的反应。利用明确的化学或物理反应,如分子键断裂,可以引起无熔化的蒸发烧蚀。

4.2.4　辐射属性的测量

4.2.4.1　脉冲宽度

超快激光辐射除了光谱和空间强度分布外,还包含一些特殊的属性,如探测辐射的时间分布和相位。为实现对泵浦和探测实验的准确分配,需要对这些属性进行测量。为得到期望的物质状态,需要预先补充设置这两个过程参数。

超快激光辐射的脉冲宽度无法直接测量,因为无法直接检测此超快辐射的时间分布(表4.1)。通过非线性混合,相关仪作为组合滤波器发出一个信号,此信号可以由一个慢检测器来测量(图4.3)。利用自相关脉冲宽度(FWHM),可检测到频率分辨光学开关(FROG)和单发频率分辨光学开关(GRENOUILLE)(见下节)。无法利用此方法检测时间脉冲的非对称性,因为自相关的测量方法导致了脉冲宽度的对称时间分布。

采用互相关仪在10^{10}动态范围内可检测辐射的时间分布。此技术使脉冲波形的非对称性检测成为可能。基底在 ±1ps 范围、作为前脉冲和后脉冲的高达300ps 范围的鬼脉冲和放大的自发辐射都在纳秒范围,能够由三阶互相关测量方法进行检测。

利用以下方法可检测焦点处的脉冲宽度:利用自相关仪,并在自准直仪中调整聚焦激光辐射,或者将物镜安装在自相关仪的迈克尔逊干涉仪中,用显微物镜和外探测器代替聚焦镜和内探测器。将此自相关检测与无物镜的测量进行了比较(图4.3)。自相关仪检测脉冲宽度范围为 5fs < τ_p < 100ps。

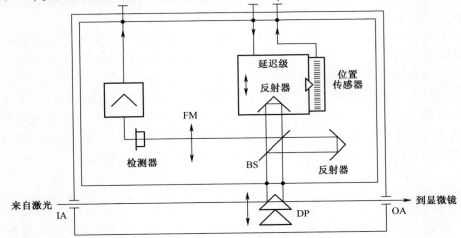

图 4.3　用于未聚焦和聚焦的超快激光辐射测量的自相关仪装置

表 4.1　用于脉宽、光谱和相位测量的商用自相关仪(AC)和互相关仪(CC)

	制造商	型号	范围/ps	分辨力/%
AC	APE	Mini	0.01~15	5
	APE	Carpe	0.15~15	5
	APE	PulseCheck	0.15~250	2
	APE	FROG	0.02~1	5
	Coherent	Single-Shot Autocorrelator fs	0.25~0.5	5
	Coherent	Single-Shot Autocorrelator ps	0.5~20	5
	Newport	PulseScout Autocorrelator	0.05~3.5	5
	Newport	Long Scan Autocorrelator	0.05~160	0.1
	Swampoptics	Grenouille	0.01~0.1	5
	Swampoptics	Grenouille	0.5~5	5
	Thales Lasers	Taiga Single·Shot AC	0.03~1	5
CC	APE	SPIDER	0.04~0.15	5
	Amplitude	Sequoia	0.05~0.25	10^{-8}

4.2.4.2　光谱相位

直接根据激光辐射的基本原理和 SH 中的互相关性(式(4.5))可实现对光谱相位的测量。所采用的方法称为光谱相位相干直接电场重构法(SPIDER)。这是基于光谱剪切干涉法的一种频域干涉测量技术。光谱剪切干涉法与强度自相关有关,不是用延迟同等脉冲进行脉冲选通,而是与自身频移或自身光谱剪切复制发生干涉。这为超高速激光辐射的光谱、时间分辨强度和相位的实时测量提供了一个契机。

频率分辨光学开关(FROG)是自相关的派生,此外它还能够决定辐射的相位。在大多数结构中,FROG 用作一个后接光谱仪的无背底自相关仪(图 4.4(a))。

单发频率分辨光学开关(GRENOUILLE)是基于 SHG 的 FROG(图 4.4(b))。当光谱仪和薄 SHG 晶体的组合被一个厚 SHG 晶体代替时,GRENOUILLE 用一个棱镜替换了自相关仪中的光束分束器、延迟线和光束重组组件。这些替代的作用是为了在增强信号强度和降低复杂度与成本的同时,消除所有敏感的对准参数。与 FROG 系统相似,GRENOUILLE 决定了脉冲的全相位和强度数据[131]。

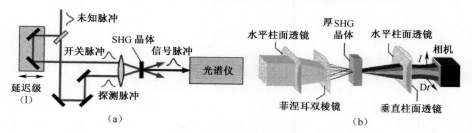

图 4.4　(a)一个 FROG 方案和(b)一个 GRENOUILLE 方案[131]

4.3　超快激光辐射成像

本节研究与泵浦和探测计量相关的一些光学基本原理,如显微成像[62]。泵浦和探测方法在微米尺度的应用,需要显微成像的相关理论知识。通常,为了描述辐射通过物镜的传播,需要采用衍射理论。成像系统的分辨力决定了物体的最大可检测信息量,与分辨力相关的所用辐射的相干性也需要研究。

4.3.1 节中介绍小孔径光学系统成像的计算。所用的标量理论不足以描述显微物镜中的光束传输。在大数值孔径光学系统中,电磁场传播的复杂矢量分析不做介绍,在4.3.2 节中介绍采用非相干和相干辐射对显微物镜分辨能力的影响。

4.3.1 衍射理论和非相干照明

每个成像系统都有一个有限的孔径,会对入射光产生衍射作用,因此成像系统的孔径决定了其分辨能力。对于一个无限大孔径 A 或者一个无穷小波长 λ ,几何光学是有效的[132]。描述成像系统对点光源的响应函数,称为点扩散函数(PSF),由衍射理论而得到。点目标的扩散(模糊)程度是成像系统质量的一种测量方法。在非相干成像系统,如荧光显微镜、望远镜或者光学显微镜,成像是线性的,并且可由线性系统理论进行描述。作为线性化的结果,显微镜中任何物体的图像都可以被分成不同强度的离散点目标。计算成像就是每个目标点 PSF 的叠加。由于 PSF 完全由成像系统所决定,因此通过知晓成像系统的光学属性就可描述整个成像。

在标量理论中,一个成像整形系统的分辨力定义为两点光源的最小可探测距离(或观察角度),可由来自惠更斯-菲涅耳原理的菲涅耳-基尔霍夫公式计算得到:

$$U(P) = \frac{Ae^{ikr_0}}{r_0} \iint_W \frac{e^{iks}}{s} K(\mathcal{X}) \, dS \qquad (4.14)$$

式中:s 为在边界 W 上从观察点到点 P 的距离,$K(\mathcal{X})$ 为倾斜因子(也就是衍射角);A/r_0 为 P 处的入射辐射振幅(图 4.5(a))[62]。

$$U(P) = -\frac{Ai}{2\lambda} \iint_A \frac{e^{ik(r+s)}}{rs} [\cos(n,r) - \cos(n,s)] \, dS \qquad (4.15)$$

菲涅耳-基尔霍夫公式表明,当边界条件给定后,P 点处被孔径 A 所干扰的电磁波振幅,由次级波的叠加所产生,且此次级波从处于该点和光源之间的一个平面处发出(图 4.5(a))。变量 r 是光源 P_0 到孔径上一点 Q 的距离(称为入射光瞳),变量 s 是 Q 和研究点 P 之间的距离,$\cos(n,r)$ 和 $\cos(n,s)$ 代表法向量 n 和矢量 r、s 的方向角余弦(图 4.5(b))。

对于小数值孔径的光学系统来说,点 P_0 和 P 之间的距离(式(4.15))比孔径尺寸要大。这使因子 $\cos(n,r) - \cos(n,s)$ 和距离 r、s 在整个孔径上不会发生显著变化,因此可表示为 $2\cos\delta$ 和距离 r'、s',其中 r' 定义为 P_0 与 P 之间距离,s' 定义为 P_0 和孔径 A 原点之间的距离(图 4.5(b))。菲涅耳-基尔霍夫公式(式(4.15))变为

$$U(P) \propto -\frac{Ai}{\lambda} \frac{\cos\delta}{r's'} \iint_A e^{ik(r+s)} \, dS \qquad (4.16)$$

点 P_0,P,Q 以及距离 r,r',s,s',考虑采用 Q 位置的孔径 A,ξ,η 下的坐标系来表示:

$$r^2 = (x_0 - \xi)^2 + (y_0 - \eta)^2 + z_0^2 \quad r'^2 = x_0^2 + y_0^2 + z_0^2 \qquad (4.17)$$

$$s^2 = (x - \xi)^2 + (y - \eta)^2 + z^2 \quad s'^2 = x^2 + y^2 + z^2 \qquad (4.18)$$

可得

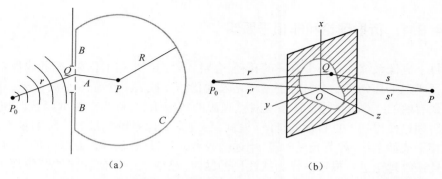

图4.5　(a)孔径衍射示意图和(b)菲涅耳-基尔霍夫衍射公式推导示意图[62]

$$r^2 = r'^2 - 2(x_0\xi + y_0\eta) + \xi^2 + \eta^2 \tag{4.19}$$

$$s^2 = s'^2 - 2(x\xi + y\eta) + \xi^2 + \eta^2 \tag{4.20}$$

假设孔径比 r', s' 要小,因而距离 r 和 s 可展开[62]为

$$r \propto r' - \frac{x_0\xi + y_0\eta}{r'} + \frac{\xi^2 + \eta^2}{2r'} - \frac{(x_0\xi + y_0\eta)^2}{2r'^3} - \cdots \tag{4.21}$$

$$s \propto s' - \frac{x\xi + y\eta}{s'} + \frac{\xi^2 + \eta^2}{2s'} - \frac{(x\xi + y\eta)^2}{2s'^3} - \cdots \tag{4.22}$$

可得到惠更斯-菲涅耳方程式(4.15)的一个近似值:

$$U(P) = \underbrace{-\frac{\mathrm{i}\cos\delta}{\lambda}\frac{A\mathrm{e}^{ik(r'+s')}}{r's'}}_{C}\iint_A \mathrm{e}^{ikf(\xi,\eta)}\,\mathrm{d}\xi\mathrm{d}\eta \tag{4.23}$$

其近似为

$$f(\xi,\eta) = -\frac{x_0\xi + y_0\eta}{r'} - \frac{x\xi + y\eta}{s'} + \frac{\xi^2 + \eta^2}{2r'} + \frac{\xi^2 + \eta^2}{2s'}$$

$$- \frac{(x_0\xi + y_0\eta)^2}{2r'^3} - \frac{(x\xi + y\eta)^2}{2s'^3} + \cdots \tag{4.24}$$

定义方向余弦:

$$\begin{cases} l_0 = -\dfrac{x_0}{r'}\ l = \dfrac{x}{s'} \\[3mm] m_0 = -\dfrac{y_0}{r'}\ m = \dfrac{y}{s'} \end{cases} \tag{4.25}$$

式(4.24)变为

$$f(\xi,\eta) = \frac{1}{2}\left[\begin{array}{c}\left(\dfrac{1}{r'} + \dfrac{1}{s'}\right)(\xi^2 + \eta^2(l_0 - l)\xi + (m_0 - m)\eta +) \\ -\dfrac{(l_0\xi + m_0\eta)^2}{r'} - \dfrac{(l\xi + m\eta)^2}{s'}\end{array}\right] + \cdots \quad (4.26)$$

利用 $p = l_0 - l$ 和 $q = m_0 - m$,只考虑 $f(\xi,\eta)$ 的线性部分时,最终利用夫琅禾费衍射公式,从式(4.16)中获得了远场衍射。

$$U(P) = C\iint_A e^{ik(p\xi + q\eta)}d\xi d\eta \quad (4.27)$$

式中:C 是与光源和观察点位置有关的参量项(参见式(4.23));ξ、η 为孔径中一点的坐标系。

考虑公式(4.24)中二次项时,惠更斯-菲涅耳衍射可用在大数值孔径中。

在半径为 a 的圆孔径中,夫琅禾费衍射产生[62]:

$$U(P) = CD\frac{2J_1(kaw)}{kaw} \quad (4.28)$$

采用极坐标定义:

$$\begin{cases}p = w\cos\psi \\ q = w\sin\psi\end{cases} \quad (4.29)$$

$w = \sqrt{p^2 + q^2}$,$D = \pi a$,贝塞尔函数 J_1 为

$$J_n(x) = \frac{i^{-n}}{2\pi}\int_0^\infty e^{ix\cos a}e^{ina}da \quad (4.30)$$

图像的强度分布定义为

$$I = |U(P)|^2 \quad (4.31)$$

也称为点扩散函数(PSF)。聚焦面 F 上的第一个最小值由阿贝方程给出:

$$w = 0.61\frac{\lambda}{a} \quad (4.32)$$

定义了望远镜①的分辨能力。

4.3.2 显微成像和相干照明

在分辨能力(见4.3.1节)的相关理论中,利用非相干光源的夫琅禾费衍射,分析了物体的成像。对于许多自发光物体,在像面各处的检测强度与每个目标衍射图形的强度之和相等,这个假设是有效的。

显微镜作为一种观测方法,物体通常不发光,需利用一个辅助系统对物体进行透照。此辅助系统作为照明系统,如聚光镜,将来自光源每单元的孔径衍射图形呈

---

① 由于距离较大,如星体,w 给出了区别两个星体的最小可观测角度。

现在显微成像面上。相互紧靠的衍射图像各部分重叠,来自光源临近点的衍射图形部分相关。通常,利用光学显微的单一观测,不可能获得能揭示物体所有小尺度结构变量的可信放大图像[62]。选用适当的照明,如柯勒照明,可获得用于非相干照明的成像系统的分辨能力。但若采用相干照明,衍射图形的分辨能力会降低。

假设物面 Π 上一个自发光的物体为点 Q,与光轴上点 P 的距离为 Y,成像为 Q' 和 P',在像空间光束的孔径角为

$$\theta' = \frac{a'}{D'} \tag{4.33}$$

式中:a' 为在后焦面 F' 上出射光瞳的直径;D' 为后焦面 F' 和像面 Π' 之间的距离(图4.6)。对于小聚焦长度 f',由点 Q'、点 P' 和衍射孔径中心所定义的孔径角 w 可表示出近似的距离为

$$Y' = wD' \tag{4.34}$$

对于一个圆孔径,式(4.32)是有效的:

$$Y' = 0.61\lambda' \frac{D'}{a'} = 0.61 \frac{\lambda'}{\theta'} = 0.61 \frac{\lambda_0}{n'\theta'} \tag{4.35}$$

显微镜所生成的物体图像不仅会在光轴点上,还会偏离光轴。为了满足阿贝正弦条件方程式(B.10),统一放大时:

$$nY\sin\theta = -n'Y'\sin\theta' \tag{4.36}$$

需要考虑上式。当显微镜 θ' 很小时,$\sin\theta' \approx \theta'$。物体的最小距离,也是定义分辨能力的量,表示为

$$|Y| \approx 0.61 \frac{\lambda_0}{n\sin\theta} = 0.61 \frac{\lambda_0}{NA} \tag{4.37}$$

式中:显微物镜的数值孔径 $NA = n\sin\theta$。此分辨能力的定义用于非相干照明,如自发光物体的使用。对泵浦和探测计量也是有效的,例如,去检测激光诱导荧光或激光诱导等离子体发射。

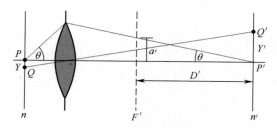

图4.6　光束和分辨能力的设计图[62]

对于气体、等离子体和固体目标的密度状态检测,如物质状态的变化,不发光物体的泵浦和探测计量占据主要研究地位。这些物体被探测辐射透照,实际上,这

些辐射是相干激光辐射。时间相干性 $\Delta t = c/\Delta l$ 取决于探测辐射的脉冲宽度,空间相关性最大且统一。

相关照明的分辨力可由阿贝理论给出。通过降低非相关照明源①的尺寸或采用激光辐射可获得相干照明。不仅物镜孔径会衍射光,物体也会作为一个衍射光栅使光发生衍射。从数学上来讲,对焦平面 F' 物体的夫琅禾费衍射可由式(4.27)计算出,然后可计算出物镜孔径上的物体夫琅禾费衍射[62]。最终,可得到相干照明的分辨力极限:

$$|Y| = 0.82\frac{\lambda_0}{n\sin\theta} \tag{4.38}$$

截止到现在,已讨论了点光源的成像,并将应用到延伸对象。像文献[62]所介绍的,利用式(4.35)可近似表达一个延伸对象的非相干照明显微镜系统的分辨能力。对一个延伸对象的相干照明,分辨力为

$$|Y| > \frac{\lambda_0}{n\sin\theta} \tag{4.39}$$

由于物体临近点干涉产生的衍射点是非相干照明的 2 倍多,这是采用相干激光辐射作为探测辐射的主要障碍。可采用其他替代方案,如低相干高亮度 LED,或者超快闪光灯。但这些光源通常会受到脉冲宽度太大和强度太小的影响,但这对于探测器来说又是必要的。此外,由于这些辐射的部分相干属性,互相干性需要更仔细的研究(见 4.1.3 节)[62]。

为了检测不发光的微小物体,需要采用泵浦和探测技术。照明方法利用聚光镜的透照来实现。报道中介绍了非相干辐射的两种方法:临界照明和柯勒照明(图 4.7)。相干激光辐射只能采用临界照明。

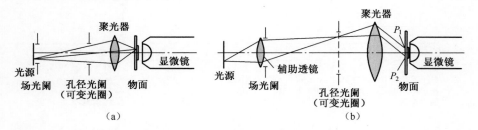

图 4.7　(a)临界照明设计图和(b)柯勒照明设计图[62]

成像系统的分辨能力不仅与辐射相干程度有关,还与物镜的分辨能力有关。因此,聚光镜的像差不会影响显微镜系统的分辨能力[62]。也有研究表明:当辐射是非相干时,分辨能力可以提高,聚光镜数值孔径与物镜数值孔径的比值约为

① 通过降低聚光镜的孔径直径,可获得照明的空间相干。

1.2。相干照明无法实现对分辨能力的改进。

4.4 时间延迟

超快激光在泵浦和探测实验中的大部分应用,都需要一个光脉冲可调节的时间延迟,以此实现时间分辨下对快速处理过程进行检测的目的。时间延迟是超快光谱、生物和医学成像、快速光度测定和光学采样、太赫兹生成、检测和成像,以及光学时间域反射测量[133]中必不可少的部分。

激光诱发过程可利用泵浦和探测实验进行研究,需要一个探测脉冲相对于泵浦脉冲的可变延迟设置。延迟范围取决于研究过程,电子过程在1ps间变化(化学反应过程的持续时间),而声子过程在1ms间变化(加热、熔化过程的持续时间)。时间分辨力也与过程持续时间有关。通常,探测辐射的脉冲宽度应低于过程持续时间约一个量级。探测辐射的参数不应随延迟的变化而变化。

时间延迟可通过机械(见4.4.1节)或非机械(见4.4.2节)的延迟来实现。在接下来的内容中介绍了两种延迟类型的典型装置(图4.8)。每种装置由如下属性来表征。

(1)对准调节:调节容易或困难。

(2)延迟范围:泵浦和探测实验的测量范围。

(3)延迟线的精度:延迟线分辨力。

(4)效率测量:人为或者冗余延迟的测量。

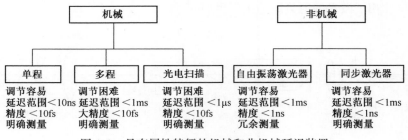

图4.8 具有属性特征的机械和非机械延迟装置

4.4.1 机械延迟

4.4.1.1 单程延迟级

常用的脉冲延迟方法是用分光镜将光束分离,然后将光束传到活动反射镜,最

后再返回。分光镜和反射镜的距离为 D。由此产生延迟为

$$\Delta t_{\text{delay}} = \frac{2D}{c} \tag{4.40}$$

式中：c 为光速。

利用步进电动机可改变反射镜的位置，目前可轻易实现 $0.1\mu m$ 的空间分辨力。此结果是在延迟线的时间分辨力约 1fs[①] 时，根据式（4.40）而得出的。要获得一个约 10ns 的延迟，需要一个约 1.5m 的延迟线长度。在调节中所有机械延迟线都是高度敏感的。为了降低敏感性，在单程延迟线中采用角锥棱镜。对于较大的延迟线，需考虑激光辐射的共焦参数，定义为瑞利长度 z_R（式（2.10））的 2 倍，比延迟线长度约长 10 倍。若要得到一个约 3m 的延迟线长度，需要一个 30m 的共焦参数，导致 $1\mu m$ 激光辐射的光束直径约 10mm。由于光束束腰参数位置的变化而导致的显微物镜焦距 z 随延迟的变化可以忽略。

4.4.1.2 多程延迟级

利用一个 Herriott 谐振腔作为多程延迟线，获得微秒级范围的较大延迟是可行的。反射镜表面必须具有良好的光学质量：在整个光束作用区域表面变形远小于 $\lambda/10$，并且反射率非常接近统一。为了使 GVD 和 TOD 最小化，这些反射镜的镀膜必须与超快激光辐射相匹配。

Herriott 单元适用于多种光束的几何形状，如干涉测量、光谱和高精度光度测量。用于泵浦和探测应用的 Herriott 单元设计在文献[134,135]中有讲述。用于飞秒泵浦−探测实验的多程延迟级的使用核心优势在于：

（1）由于近零啁啾凹面镜的使用，脉冲宽度保持恒定，并产生短照明时间。

（2）在适当设计条件下，保持腔内周期性聚焦的光束参数。

在最简单结构中，基于 Herriott 单位的延迟级由一个固定双反射镜谐振腔和一个用于输入、输出光束的光学单元所组成，例如，利用在一个或两个反射镜上附加平镜或曲面镜、孔或狭缝的方式（图 4.9）。适当调节 Herriott 单元参数，经多程反射后的入射光束在离开单元之前，可以具有与入射辐射相同的光束参数。下面介绍了每个反射镜上高达 300 次反射的一个多程延迟级。采用球面镜的焦距 $f = 1m$，直径 $d = 0.15m$，在一面反射镜上有一个 $4.5mm \times 25mm$ 的径向槽。光学镀膜具备高反射率（$R > 99.9\%$），忽略在波长范围为 $\lambda = 780 \sim 820nm$ 的群延迟色散（GDD）。两反射镜间距离可在 $L \in [f,2f]$ 间改变。为了能够获得并保持高斯光束传播参数的一般性条件，对于任意 Herriott 单元，初始入射光束 r_0 和在球面镜表面的变换矩阵 M_T 为

---

① 勿与探测辐射脉冲宽度的时间分辨力相混淆。

$$\boldsymbol{r}_0 = \begin{pmatrix} r_0 \\ r_0' \end{pmatrix} \quad \boldsymbol{M}_{\mathrm{T}} = \begin{pmatrix} 1 & 0 \\ -\dfrac{2}{R} & 1 \end{pmatrix} \quad \boldsymbol{M} = \begin{pmatrix} 1 & L \\ 0 & 1 \end{pmatrix} \boldsymbol{M}_{\mathrm{T}} \qquad (4.41)$$

式中：r_0 为相对光轴的初始光束位移；r_0' 为光束的初始入射角；R 为球面反射镜的曲率半径。

经 n 次反射，光束矢量 $\boldsymbol{r}_n$ 为

$$\boldsymbol{r}_n = \begin{pmatrix} r_n \\ r_n' \end{pmatrix} = \underbrace{\boldsymbol{M}_1 \cdot \boldsymbol{M}_2 \cdots \boldsymbol{M}_n}_{\boldsymbol{M}^n} \cdot \begin{pmatrix} r_0 \\ r_0' \end{pmatrix} \qquad (4.42)$$

Herriott 单元能够在 Jordan-Bloch 公式中表示为

$$\boldsymbol{M}^n = \begin{pmatrix} L & 0 \\ L/R & \sin\phi \end{pmatrix} \begin{pmatrix} \cos(n\phi) & \sin(n\phi) \\ -\sin(n\phi) & \cos(n\phi) \end{pmatrix} \begin{pmatrix} \dfrac{1}{L} & 0 \\ -\dfrac{1}{R\sin\phi} & \dfrac{1}{\sin\phi} \end{pmatrix} \qquad (4.43)$$

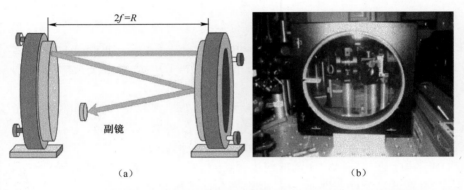

(a) (b)

图 4.9 （a）一个 Herriott 延迟线的装置图和（b）具有狭缝的一个反射镜

由于入射角小且曲率半径又非常大，则可忽略倾斜光束所引起的像散[136]。经 n 次连续反射后，光束的横向位移 x_n、y_n 和沿椭圆的各点角位置 θ 表示为

$$\begin{cases} x_n = A\sin(n\theta + \alpha) \\ y_n = B\sin(n\theta + \beta) \\ \cos\theta = 1 - \dfrac{L}{R} \end{cases} \qquad (4.44)$$

因此，如果

$$A = B = R_{\mathrm{H}} = \sqrt{x_0^2\left(1 + \dfrac{L}{R}\right) + LRx_0'^2 - 2Lx_0x_0'} \qquad (4.45)$$

那么圆半径 R_{H} 将由反射光束来表示。为了保持高斯光束的光束参数，对于特殊情况 $y_0' = 0 \rightarrow \beta = 0$，则初始光束位移和入射角为

$$x_0 = R_H \quad x_0' = -\frac{R_H}{R} \quad \alpha = -90° \rightarrow \frac{x_0'}{x_0} = \frac{1}{R} \tag{4.46}$$

在此特殊情况下,为了满足周期的"再入射条件"[137],需注意边界条件如下:

$$\begin{cases} N \cdot \theta = 2\pi j \\ L = 2f\left(1 - \cos\dfrac{2\pi j}{N}\right) \end{cases} \tag{4.47}$$

式中:N 为 Herriott 单元内部的光程数;j 为整数,代表了沿圆周各点的往返次数。

利用式(4.44)~式(4.47),根据所需的光程数和产生最大延迟 $t_{delay} = 1.8\mu s$ 数值方法的光线追迹(图4.10),可计算出反射镜分离长度。

Herriott 延迟线内的约 300 次反射已实现,其总透射率为 50%,获得延迟时间 $t_{delay} = 1.805\mu s$ [134-135]。

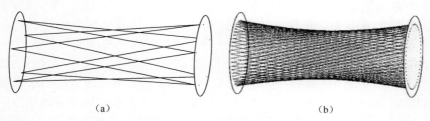

（a）　　　　　　　　　　　　　　　（b）

图 4.10　Herriott 单元中的光线追迹(ROC = 2m)
(a)$N = 10, L = 1382.0\text{mm}$；(b)$N = 100, L = 1749.3\text{mm}$。

4.4.1.3　机械光电扫描

为了提高生产率和采样率,提出了延迟扫描。采用声光偏转器,可使激光辐射在步进反射镜上发生反射[138]。利用振动器、旋转镜和线性转换器,并结合步进电动机和振镜,可实现机械扫描。

机械延迟的时间分辨力约为 10fs(见 4.4.1.2 节)。由于受共振效应和旋转镜惯性质量所产生机械限制的影响,可实现的扫描速度很低。采用振镜实现在扫描频率为 30Hz 时间为 50fs~300ps 的扫描范围[139]。在文献[139]中已指出快速扫描的优势,表明快速扫描使数据获取频率范围远离了激光源的基底噪声,其扫描频率高达 400Hz。

4.4.2　非机械延迟

人们通过扫描已经实现了不同方法的非机械延迟。虽然历史上最常用的是机械扫描系统,但也是最慢的。获得一个延迟可通过:

（1）反射激光辐射进入延迟线,经过电光或声光调制器来实现。

（2）作为探测光束的第二个照明源。

由于倾斜辐射调节困难，将不在本书中介绍。采用第二个照明的非机械延迟，可利用耦合两个或更多激光光源来实现，这些光源可以是自由振荡或者同步的。

4.4.2.1 自由振荡激光器

采用自由振荡激光器可实现非常快速的延迟和扫描，其中，自由振荡激光器定义为一个具有照明源的非时间同步激光器。在泵浦和探测计量中，采用闪光灯或LED 作为探测光束是最常用的方法，但缺点是高强发光时超过 100ns 的过大脉冲宽度。一些闪光灯和 LED 也可产生脉冲宽度 $t \approx 10ns$ 的辐射，但发光强度太弱。某些准分子灯具有 100ns 的脉冲宽度，但产生的能量密度也很弱。因而超快激光辐射是合适的选择。

一个自由振荡系统可通过利用二向色分光镜同轴调节激光光源实现：激光束1 是泵浦光束，激光束 2 是探测光束（图 4.11（a））。通过利用光电二极管在实验过程中检测两路激光的辐射，可获得两个激光源在时间上的因果关系。

具有不同重复频率的两个自由振荡激光系统能够产生脉冲时间延迟。这一装置可以产生一个时间延迟的扫描效果，其中扫描重复频率在两个激光系统重复频率间的差频频率处。自由振荡激光器系统能够产生大的扫描频率和转换速率。例如，利用工作在 $f_p \approx 80MHz$，并且腔长略有不同的两个激光器系统，可获得 13ns 的扫描范围。利用两个光源激光辐射的互相关性，可得到精确的时间校准（见4.1.3 节）。

当两个激光光源具有不同数量级的重复频率时，自由振荡系统的方法仍然可行。例如，一个 1MHz 超快光纤激光系统被耦合进入 0.5Hz 的钛：蓝宝石激光源中，这个组合可用于激光焊接玻璃所引起的光学相位变化的检测中（见 6.4节）[140]。

需要明确感兴趣的范围，例如在 80MHz 处，仅研究 0<t<10ps 的范围。此方法的主要缺点是产生了冗余数据。从统计学上讲，所有时间点都会被扫描，但通常在10ps~12ns 间的实验数据不在关注范围内。通过增大重复频率到兆赫兹，无用数据会减少，但是此方法对于小延迟并不能灵活使用。

4.4.2.2 同步激光器

通常激光器与一个外部主时钟相连或者由一个内部时钟控制同步。同步激光器通过利用二向色分光镜同轴调节激光源而实现：激光束 1 是泵浦光束，激光束 2是探测光束（图 4.11（b））。同步可由如下方法得到，即被动光学方法和电子同步。

被动光学方法具有很高的精度，与所用脉冲宽度一样小。最高精度的获得通过两个光源激光辐射的相互作用，并利用一种光学效应，如交叉相位调制来实现。

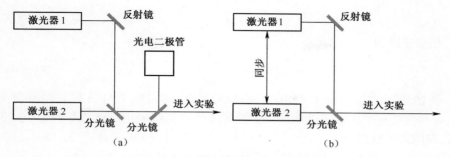

图 4.11　(a)自由振荡激光器装置和(b)同步激光器装置

利用射频相位检测实现电子稳定是调节时间延迟的一种灵活工具,由电子器件的抖动给出的时间精度在几皮秒量级。脉冲锁相环的混合光电方法能够实现小于 100fs 的时间稳定,与被动光学方法一样也是"非柔性"的。

一种可行的电子同步方法是双激光系统[133]扫描的非同步光学采样(ASOP①)。这个装置与自由振荡激光扫描系统类似,由两个激光器(一个主激光器和一个从属激光器)组成,并且具有近乎完全一样的腔长和重复频率。从属激光器的腔长由安装 PZT② 的腔镜控制。与自由振动系统不同,主和从激光器的脉冲在一个完整扫描范围内没有互相扫描。两个激光器由一个锁相环路同步。当主激光器的重复频率设定在恒定频率 ω_1 时,在频率 30Hz 到 1kHz 下通过周期改变从属激光器的腔长,而使从属激光器的重复频率 ω_2 在 ω_1 周围抖动。

假设 PZT 与一个方波函数 Sq 有关,且 $-1 \leqslant \mathrm{Sq}(x) \leqslant 1$,与腔长不匹配的频率 f_s 为

$$\Delta L(t) = \Delta L_0 \cdot \mathrm{Sq}(f_s t) \tag{4.48}$$

式中: L_0 为方波位移振幅。

因而可得到随时间变化的延迟为

$$T_\mathrm{D}(t) = \frac{1}{L} \int_0^t \Delta L(t') \, \mathrm{d}t' \tag{4.49}$$

随时间变化的延迟是一个线性锯齿波函数,其时间范围为

$$\Delta T_{\max} = \frac{\Delta L_0}{2L} \left(\frac{1}{f_s} \right) \tag{4.50}$$

扫描速率为

---

① http://www.menlosystems.com

② PZT:锆钛酸铅(Pb [$Zr_x Ti_{1-x}$] O_3 ,$0 < x < 1$)钙钛矿的特征是压电效应。当施加一个外部电场时和当压缩或者物理改变形状时,其两面之间会产生一个电压差。

$$f \equiv \frac{\partial T_{\mathrm{D}}(t)}{\partial t} = \frac{\Delta L}{L} \tag{4.51}$$

扫描速度为

$$v(t) = \frac{c\Delta L(t)}{\Delta L} \tag{4.52}$$

例如,工作在重复频率 1GHz 下的激光辐射,可得到 1.5μm 腔长位移量下的 3km/s 的扫描速度。扫描范围还与激光光源的重复频率和扫描频率有关。对于一对在 5MHz 下发射辐射的激光器,可获得在 25Hz 扫描频率下的 10ns 的扫描范围[133]。

第5章
超快检测方法实例

　　激光辐射被分光镜分为一路泵浦光和至少一路探测光(图5.1)。例如,一路探测光可以激发基体,另一路探测光用来检测变化。

　　将泵浦和探测技术用在激光诱导过程的可视化中,有两种不同的方法(图5.2):非成像检测(见5.1节);成像检测(见5.2节)。

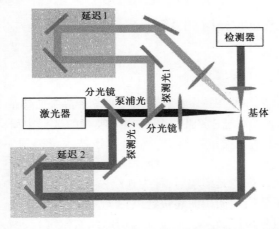

图5.1　具备泵浦、探测光1和探测光2的泵浦和探测实验的原理装置

(a)　　　　　　　　　　　　　　(b)

图5.2　非成像和成像检测

利用测量探测光束的检测器和光学理论,能够实现被研究区域的二维成像或者仅空间平均信息的可视化。

5.1 非成像检测

下面给出非成像检测方法的两个例子。第一个例子利用探测辐射的光谱特性和瞬态吸收光谱,是一种"经典的"、非相关的超快激光技术,可应用在诸多研究领域中。为了检测激光诱导过程的光谱特性,选择性辐射的使用是中心要素。重点放在超快连续白光中(见5.1.1节)。

第二个检测方法调制探测辐射的时间波形,并产生超快 X 射线。通过使用双脉冲和改变工艺参数,如脉冲能量、延迟时间和脉冲能量比,可产生最大效率的 X 射线($Si - K_\alpha$ 辐射,之后详细介绍)。此辐射产生最大化的相关技术也将介绍(见5.1.2节)。

5.1.1 瞬态吸收光谱(TAS)

5.1.1.1 原理和装置

瞬态吸收光谱是一种在特定波长辐射下探测样品吸收率的一种泵浦和探测技术,由探测辐射的非线性过程产生。探测辐射吸收的选择由研究样品相互作用区的原子、分子或离子的共振谱线给出。结合锁定技术可得到一个大的信噪比(见附录 A)。

探测辐射所使用的宽光谱辐射,称为连续白光,在 300~2000nm 的光谱范围内可对诱导过程进行研究。使用的超快连续白光,由电介质材料(见 3.1.2.3 节)中超快激光辐射的自相位调制产生。通常选用电介质蓝宝石,因为它具有高的能量损伤阈值。可使连续白光的最小波长在 400nm 范围。脉冲宽度 80fs 超快激光辐射的转换效率低于 1%,其中转换效率与脉冲宽度密切相关。使用最小波长在 320nm 范围的水或 CS_2 喷射,可得到更大的转换效率。光子晶体光纤可产生高效率的连续白光,但缺点是强度受限。光子晶体光纤是一种保偏超连续装置,使用在波长 $\lambda = 800nm$ 的飞秒激光辐射中。它可产生在 750nm 波长处具有零色散的连续白光。将光纤端部密封和装配在石英套管中可获得更大的损伤阈值。

光谱仪的规格和检测器的灵敏度取决于处理过程揭示所必须的光谱分辨力。使用光电倍增管或者 ICCD,可实现单光子计数。对于可逆的激光诱导过程,像光致漂白,检测到的信号可经多种测量方法进行集成。利用整合集成可实现小信号强度过程的检测,甚至使用光电二极管或 CCD 也能实现。目前,已出现以泵浦–探测瞬态吸收光谱为特征的基于 CCD 的整套商用系统,并设计它与一个放大的钛:蓝宝石飞秒激光器一同工作。

借助一个使用超快激光光源的泵浦和探测装置,可获得瞬态吸收光谱(图 5.3)。分光镜将光束分为一路泵浦光和一路探测光。泵浦光被引导并聚焦在样品上。探测光经过一个可选的零级抑制器,并在机械延迟线中发生延迟。零级抑制器可改变探测光的啁啾,使得不同脉冲宽度在泵浦和探测辐射中的应用成为可能。

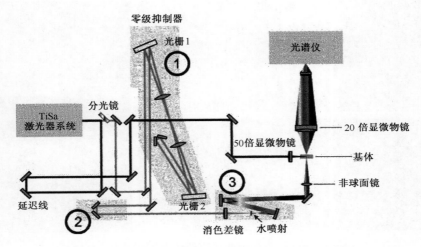

图 5.3 一个超快瞬态吸收光谱装置(TAS)的示意图[141]

最后,探测光聚焦到水喷射上从而产生一个超快连续白光(WLC)[85]。注意要产生层流流动和空间稳定的水喷射,可利用高精度喷嘴和稳定水泵浦来实现。连续白光经镀银凹面镜的准直,并经样品和光学元件的传输,进入光谱仪的入射狭缝。

如 4.2.3 节中讲过的,探测辐射的属性需要进行检测。对于连续白光,经如下内容得到相关属性:首先产生和表征探测属性(脉冲宽度、光谱分布、啁啾),其次描述测量过程。

5.1.1.2 连续白光(WLC)的表征

1) WLC 的产生

WLC 是经水喷射引发的非线性过程而获得。利用一个适当的夫琅禾费消色差镜(Bernhard Halle $f = 60mm$, F/#12)聚焦探测光束进入水喷射。因为克尔效应引起的自聚焦和自由电子驱动的离焦作用,在水喷射中发生了成丝。细丝在水中传播,经四波混频和自相位调制使得 WLC 光谱宽度增加(见 3.1.2.3 节)。在小平均功率下,只形成一个细丝($P = 0.75mW$,图 5.4)。随着平均功率的增加(如

$P = 2.3\text{mW}$），形成了第二个细丝，并与第一个发生了干涉[142]。

由于平均功率增大而引起的热作用，使得细丝间距增加，直到两者完全分离为止（$P \approx 5\text{mW}$，图 5.4）。两细丝的空间平均强度在时间上发生振荡。

平均功率的再增加引发了光束束腰相对水喷射位置的移动，此移动向着水表面方向，并可检测出 2 个（$P = 5.1\text{mW}$）、3 个（$P = 7\text{mW}$）和 4 个（$P = 10\text{mW}$）细丝的空间稳定干涉（图 5.5）。细丝之间发生互相干涉，与相对于水喷射的光束束腰位置有关。当光束束腰位于水喷射之前时，会产生两个分离的细丝。

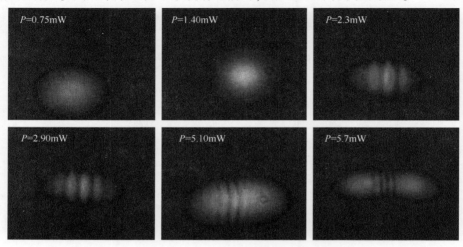

图 5.4　WLC 的远场空间强度分布与平均功率的关系

（$\lambda = 810\text{nm}$，$t_p = 70\text{fs}$，$f_p = 1\text{kHz}$，$f = 60\text{mm}$，F/#12）[143]

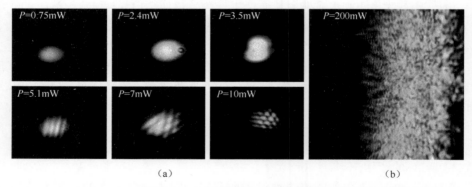

（a）　　　　　　　　　　　　　　　　　（b）

图 5.5　WLC 的稳定强度分布与平均功率和聚焦位置的关系[144]

（a）小平均功率（$P \leqslant 10\text{mW}$）；（b）大平均功率（$P = 200\text{mW}$）。

在最小施加脉冲宽度 $t_p = 80\text{fs}$ 时，WLC 的转换效率达到最大值。通过改变圆形水喷射喷嘴的直径（d_{nozzle} = 0.2mm、0.5mm、0.8mm、1mm），可在最大直径处获得最大的转换效率。当脉冲强度和辐射体积的比值达到最大时，转换效率也达到最大。为了获得有效的自相位调制，脉冲强度必须 ≥ 10^{10} W·cm^{-2}。WLC 的光谱宽度增大。随着成丝数量的增加，WLC 的最小波长随着紫外光强度的增加而减小（见 3.1.2.3 节）。

当将光束束腰放置在水喷射的中心时，无法获得最大的转换效率。但将束腰位置放置在水喷射前或后 2mm 处（图 5.6），可以获得最大的转换效率。通过大量细丝的产生，可以得到 η = 1% 的转换效率（E_p = 300μJ，t_p = 80fs，λ = 810nm）。这些细丝的直径为 10 ~ 30μm，与基本辐射一样表现出相干性。WLC 远场的空间强度分布是非均匀的，表现为具有不同颜色的斑纹图案（图 5.5(b)）。在阈值强度处水蒸发，WLC 的传播被干扰且不稳定，这是由于冲击波、气泡处偏转和激光诱导对环境的压力变化所产生的衍射影响。最终，导致斑纹图案随脉冲而发生变化。

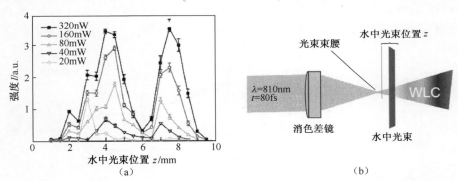

图 5.6 （a）WLC 强度与位置的关系和（b）WLC 发生器的方案图（λ = 810nm，t_p = 80fs）[141]

2) WLC 脉冲宽度和啁啾

超快激光辐射的脉冲宽度由自相关仪来测量（见 4.2.4 节）[145-146]。电介质的非线性属性被用于两激光脉冲的互相关中；两束光照射一块晶体，且在角度为 Θ 的交叉处发生干涉，利用波数矢量的矢量求和可得到混合频率[147]：

$$k_{ac} = k_1 + k_1 \tag{5.1}$$

入射光的角度 Θ 与非线性晶体的入射面不同，利用孔径进行变频辐射的选择。像如式（4.5）所述，不同偏振、波长或脉冲宽度的两束激光脉冲的相关性称为互相关。矢量和为 $k_{cc} = k_1 + k_2$（图 5.7）。互相关引发波长为

$$\lambda_{cc} = \frac{\lambda_p \lambda_{WLC}}{\lambda_p + \lambda_{WLC}} \tag{5.2}$$

例如，基本波长 λ_p = 800nm 和 WLC 的一个光谱分量波长 λ_{WLC} = 502nm 的互相关，产生了一个波长 λ_{cc} = 310nm 的互相干辐射。

由 WLC 和基本辐射的互相干所决定的、并与延迟相关的脉冲宽度,可利用所生成互相关信号的光谱分布检测得到。使用的非线性晶体对所有的研究波长,都存在一个足够的接受角(类型 β 硼酸钡,厚度 $d = 100\mu m$)。泵浦和探测辐射的偏振态设定为与两束光入射面正交。所用晶体经优化在波长 $\lambda = 600nm$ 处转换辐射。其结果是,为了满足不同波长辐射互相关的相位匹配条件,需要改变泵浦和探测的入射角 θ_1 和 θ_2(图 5.7)。检测到了 WLC 的互相关信号是延迟的函数(图 5.8(a))。在这些测量值上使用一个 $sech^2$ 函数,可得到互相关信号的脉冲宽度 τ_{WLC}^{cc}(FWHM)和与波长有关的延迟位置 t_{delay}。τ_{WLC}^{cc} 代表了在延迟位置 t_{delay} 处 WLC 的一个光谱分量的脉冲宽度。在波长 $\lambda_{WLC} = 310nm$ 处 WLC 与基本辐射($\lambda = 810nm$)的互相关,引发了一个在 WLC 波长 $\lambda = 502nm$ 处的互相关信号,其脉冲宽度为 $\tau_{WLC}^{cc} = 363fs$(图 5.8(a))。

WLC 的延迟位置 t_{delay} 随波长发生单调变化(图 5.8(b)),并且是频率的线性函数(图 5.9(a))。WLC 的频率分量在总啁啾 $\Delta t_{chirp} = 3500fs$ 下发生啁啾,是由作为高通滤波器的石英片和水本身所诱发。研究中不同频率分量会在不同时间下到达样品。

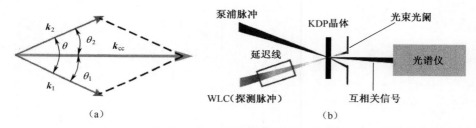

（a）　　　　　　　　　　　　　　（b）

图 5.7　（a）自相关的频率混合设计图和(b)WLC 和泵浦辐射的互相关[144]

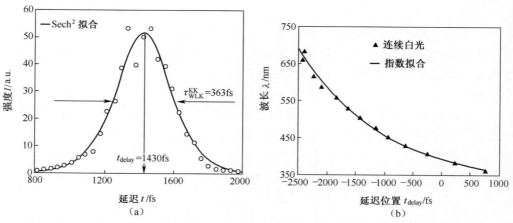

（a）　　　　　　　　　　　　　　（b）

图 5.8　（a）在 $\lambda = 310nm$ 处互相关信号与延迟关系和(b)WLC 波长与延迟位置关系[144,148]

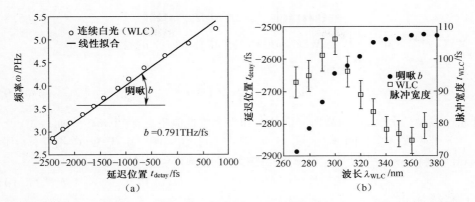

图 5.9 （a）WLC 频率域延迟位置关系和（b）WLC 啁啾和脉冲宽度与波长关系[144,148]

直线的梯度 **b** 代表了 WLC 的啁啾,由式（3.13）得到 $b = (0.791 \pm 0.02)\text{THz/fs}$。由于频率与延迟时间线性相关:

$$\omega(t_{\text{delay}}) = a + b \cdot t_{\text{delay}} \tag{5.3}$$

可得到波长和延迟时间的关系:

$$\lambda = \frac{2\pi c}{a + b t_{\text{delay}}} \tag{5.4}$$

啁啾与波长的关系为

$$\widetilde{b}(\lambda) = -\frac{b\lambda^2}{2\pi c} \tag{5.5}$$

波长为 $\lambda = 502\text{mm}$ 时,计算出啁啾 $\widetilde{b} = (-0.105 \pm 0.03)\text{nm/fs}$。根据啁啾因子

$$a \,\hat{=}\, -b t_{\text{p}}^2/2 \tag{5.6}$$

可得 WLC 的脉冲宽度为

$$t_{\text{WLC}}^{\text{cc}} = \tau_{\text{WLC}}\sqrt{1 + a^2} \tag{5.7}$$

与测量的 $\tau_{\text{WLC}}^{\text{cc}}$（图 5.8（a））成啁啾关系。在某一波长下测量 WLC 的 t_{WLC} 中无啁啾的脉冲宽度,与基本辐射的脉冲宽度 $t_{\text{p}} = 80\text{fs}$ 相当（图 5.9（b））。

5.1.1.3 TAS 的测量

吸收宽度可利用啁啾 b 的线性度计算（图 5.9（a））。可检测出非常短的光子吸收持续时间 $\Delta t = \delta(t)$,作为 WLC 光谱中的一个吸收带（图 5.10 中的事件 1）。

当光谱平坦吸收过程的持续时间 $\Delta t \leqslant t_{\text{chirp}}$ 时,WLC 吸收带宽的增加与吸收持续时间成正比（图 5.10 事件 2）。WLC 每个频率的谱宽度 $\Delta\omega_{\text{WLK}}$ 等于所生成辐射的带宽。测量信号

$$A(\Omega) = \int_{-\infty}^{\infty} S(\Omega)R(\Omega,\omega)\,\mathrm{d}\omega \tag{5.8}$$

是 WLC 频率分布 $S(\Omega)$ 与 WLC 辐射相关作用体 $R(\Omega)$ 的卷积。

吸收带宽(FWHM)为

$$\Delta\omega_A = \frac{1}{\tau_A}\sqrt{8\ln 2(1 + a^2)} \tag{5.9}$$

可通过假设一个 WLC 的高斯光谱分布和一个线性啁啾 $b = \partial\Phi/\partial t$[72] 而得出。

关于吸收持续时间 τ_A 的式(5.9)存在一个真实解。由于 WLC 相互作用区 $R(\Omega)$ 的响应函数一般是一个傅里叶变换的阶跃函数,假设

$$R(\Omega) = F[\Theta(t + t_{\text{event}}) - \Theta(t)] \tag{5.10}$$

事件持续时间为

$$t_{\text{event}} = \tau_A - \tau_{\text{WLC}}^{\text{cc}} \tag{5.11}$$

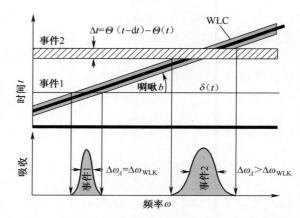

图 5.10　与吸收过程有关的时间和频率的关系图

5.1.2　时域整形脉冲

5.1.2.1　原理和装置

可以将 X 射线用于诊断检测中,如硅晶片表面氧化铝杂质的时间分辨检测[149]。强激光辐射经过热等离子体和物质的相互作用可产生 X 射线辐射。利用这种高亮度激光所生成的 X 射线,可在一个泵浦和探测装置中的皮秒范围和微米尺寸内,观测到结构的变化[150-151]。尤其是在成像诊断中,K_α 发射谱线有可能实现高对比度检测。

在所介绍的研究中,将 Si – K_α 辐射用于铝的检测,这是因为此辐射对铝的 K-壳

层电离具有较大的截面。利用多层摄谱仪,可以检测到双脉冲激光辐射诱发的 Si $- K_\alpha$ 辐射。还研究了发射的 Si $- K_\alpha$ 光子与延迟和双脉冲能量的关系。

MOPA 系统已用于激光产生 X 射线辐射中,此系统基于二极管泵浦 Cr：LiSAF 振荡器、二极管泵浦的 Cr：LiSAF 和 Cr：LiSGAF 再生放大器[152]。MOPA 系统在 1kHz 重复频率和 100fs 脉冲宽度下的输出功率为 100mW,光束质量 $M^2 =$ 1.3。为了获得高达 $20PW/cm^2$ 的强度,需要利用一个色差和啁啾修正的非球面透镜($f = 8mm$)进行聚焦,计算出光束直径约为 $2\mu m$(见 2.2.4 节)。激光辐射聚焦在一个直径 4 英寸①和厚度 $20\mu m$ 硅晶片上(图 5.11)。在透镜前用一个可移动的聚脂薄膜片保护透镜不受材料烧蚀的影响。利用机械快门实现了单脉冲辐射。一次触发最少 10 个脉冲辐射到表面,可通过设置最小开关时间 10ms 实现。

在作用过程中,晶片表面会发生小于 $10\mu m$ 的移动。相比瑞利长度 $z_R =$ $3.5\mu m$,光束束腰(相对聚焦位置)的位置需要进行控制。基于像散方法的自聚焦系统,可用于小于 $10\mu m$ 的移动和小于 100Hz 振荡频率的移动补偿。所有实验均在压力 $p < 5 \times 10^{-4} mbar$ 的真空室中,硅晶片以速度 20mm/s 在 x、y 轴上运动。

在一个泵浦和探测装置中采用延迟线(图 5.12(a)),两束空间上平行和时间上被 1ns 分离的激光脉冲聚焦到同一点。两个脉冲,前脉冲和主脉冲偏振正交②。利用棱镜和半波片可以人为地调节能量比。

利用两个硅光电二极管检测 X 射线能量,可实现热电子温度的测量(图 5.11)。光电二极管放在源的径向位置,探测到电子信号 S_1 和 S_2。

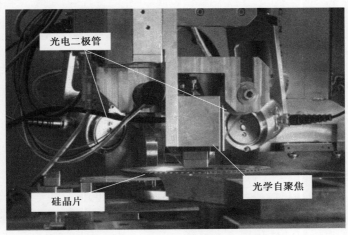

图 5.11　硅晶片、光电二极管和自聚焦的装置

①　1 英寸 = 2.54cm。
②　脉冲能量比表示为 $E_{prepulse}/E_{main-pulse}$。

099

一个多层摄谱仪由两个多层镜和一个 CCD 相机(1340 像素 × 400 像素)组成,用于探测 1.5~1.85keV 的 X 射线谱,在 $\lambda_{\text{Si}-K_\alpha} = 1.739$keV 时理论光谱分辨力为 $\lambda/\Delta\lambda = 54$。每个多层镜有 100 层双层涂层,双层由 1.8nm 的钨和 3nm 的硅组成。对于 Si $- K_\alpha$ 辐射,多层镜在倾角 4.4° 处具有约 25% 的最大反射率。

5.1.2.2　Si $- K_\alpha$ 辐射源的特征

利用红外和可见辐射的转换产生 X 射线,需要进行电子调控:在临界电子密度下等离子体中的激光辐射共振吸收,可以产生高能电子(见 3.3 节),也称为热电子。电子 Si $- K_\alpha$ 电离的最大截面发生在 5.5keV 处。例如,由高能自由电子产生的具有 K–壳层孔的电离原子,在若干千电子伏能量处再结合而发射出 K 壳层光子。

光谱表现为韧致辐射的一个稳定衰减的背底和在约 1.725keV 处硅 K_α 辐射的一条特征谱线发射的能量(图 5.12(b))。从每个光谱中提取出了 Si $- K_\alpha$ 光子的相对数量。由于等离子的高温影响,K 壳层再结合[153]发生在 Si $- K_\alpha$ 谱线扩展到 90eV 的部分电离硅($\text{Si}^+ - \text{Si}^{8+}$)上。

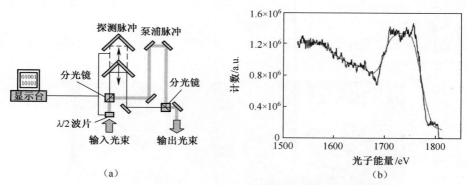

图 5.12　(a)硅晶片、光电二极管和光学自聚焦的装置以及(b)X 射线光子计数与硅材料光子能量关系[149]。

1) 延迟时间

Si $- K_\alpha$ 光子的相对数量,与单脉冲辐射相比,能够通过改变前脉冲和主脉冲(图 5.13(a))的延迟而提高到 1.5 倍。在 36ps 处测量出了一个相对最大值,可利用主脉冲与等离子体的优化耦合来解释。等离子体表面的临界电子密度 $n_{\text{crit}}^{\text{e}}(r, t)$ 发生在延迟 t_{delay} 处(图 5.13(b)表示两个延迟时间)。

2) 脉冲能量比

前脉冲和主脉冲辐射共振相互作用下对硅的烧蚀产生了自由电子。根据等离子体到达临界等离子体密度的时间取决于前脉冲能量的这一事实,改变脉冲能量

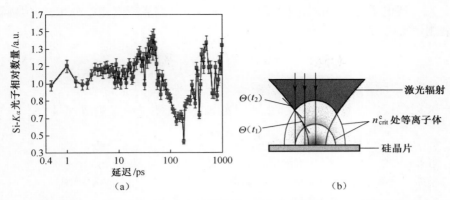

图 5.13 （a）Si $-K_\alpha$ 光子相对数量与延迟（脉冲能量比 5%）的关系和（b）

两个时间步长下临界电子密度 $n_{\text{crit}}^{\text{e}}$ 在等离子体表面的位置[149]

比意味着延迟也要发生改变。改变前脉冲和主脉冲的脉冲能量比达 35%，所产生的 Si $-K_\alpha$ 光子数量会增加（图 5.14（a））。在脉冲能量比 35% 和延迟约 36ps 时，光子数量达到最大。

3）焦点位置

辐射后约 36ps 和脉冲能量比 35% 时，等离子体膨胀并到达临界电子密度 $n_{\text{crit}}^{\text{e}}$（图 5.14（b））。经共振吸收所产生的 Si $-K_\alpha$ 辐射，与激光辐射相对表面的倾角密切相关，此倾角可由临界等离子体密度表示（见 3.3.1 节）。改变激光聚焦相对表面的 z 向位置，实验中聚焦激光辐射的发散角 θ 对应的倾角也会改变（图 5.15（a））。

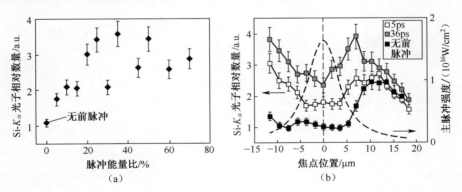

图 5.14 （a）Si $-K_\alpha$ 光子相对数量与脉冲能量比的关系（延迟 $t = 38\text{ps}$）以及

（b）Si $-K_\alpha$ 光子相对数量、主脉冲强度与焦点位置和延迟的关系（脉冲能量比 36%）[149]

4）热电子温度

K_α 辐射由硅原子中的热电子与内部束缚电子的相互作用而产生。热电子的

动能由 K 壳层电子的截面决定[154-155]。假设电子为麦克斯韦速度分布,韧致辐射的光谱能量密度为

$$w(E, T_h) = \alpha \cdot (T_h)^{0.5} \exp\left(-\frac{E}{T_h}\right) \tag{5.12}$$

式中: E 为光子能量, α 为广义等离子体参数; T_h 为热电子温度[156]。

当 X 射线仅由韧致辐射产生时,利用光电二极管测量的 X 射线能量为

$$w_{PD} = \int_0^\infty T_i(E) w(E, T_h) dE = S_i \quad (i = 1, 2) \tag{5.13}$$

式中: $T_i(E)$ 为第 i 个滤波器的透射率。

对于两个不同滤波器 T_1 和 T_2,所测能量 S_1 和 S_2 的比值与 α 相关。

$$r(T_h) = \frac{S_1}{S_2} = A \frac{\int_0^\infty T_2(E) \exp(-E/T_h) dE}{\int_0^\infty T_1(E) \exp(-E/T_h) dE} \tag{5.14}$$

式中:$A = 1.66$ 为两个光电二极管的校正因子。

根据测量的比值 r,依据数值求解式(5.14)等号右边项,可计算出电子温度 T_h。因为假设电子为麦克斯韦速度分布,由 $\langle E \rangle = \frac{3}{2} T_h$ 可求出电子平均能量,处在焦点位置恒定($\langle E \rangle \approx 8\text{keV}$)的一个范围内,并且只在焦点位置较大时增加(图 5.15(b))。根据文献[157],在 Si $- K_\alpha$ 光子的最大相对数量处,热电子温度达到 $T_h = 7.7\text{keV}$ 。

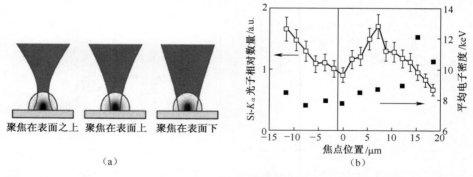

图 5.15 (a)焦点位置图以及(b) Si $- K_\alpha$ 光子相对数量、平均电子能量与焦点位置的关系
(延迟 36ps,脉冲能量比为 35%)[149]。

采用双脉冲,通过改变前脉冲和主脉冲的能量比和焦点位置,与单脉冲时相比,Si $- K_\alpha$ 光子数量增多。可以改进等离子体电子的激光辐射共振吸收,例如,将前脉冲和之后 36ps 的主脉冲(主脉冲与前脉冲能量比 65%)相结合的方法。也可

利用改变焦点位置约 $8\mu m$ 从而增大入射角的方法,提高在临界电子密度 n_{crit}^e 处等离子体中的激光辐射吸收。与单脉冲相比,采用双脉冲可使 $Si - K_\alpha$ 光子相对数量增大 4 倍。

5.2　成像检测

采用探测辐射对试样进行空间激发或者透照,可实现对泵浦和探测计量的成像。第一种方法用在过程的可视化上,无法通过透照来观测。例如,共振吸收摄影,通过共振激发蒸气中的原子,实现了蒸气动力学的检测;也可利用 CCD[32] 实现光学发射时间分辨的检测。一般而言,利用第二种透照或反射法是泵浦和探测成像的最常见技术。成像可细分为非相干方法(见 5.2.1 节)和相干方法(见 5.2.2 节和图 5.2)。

在 5.2.1 节中,列举了实现时间分辨微影像术和定量相位显微术的非相干方法的例子。相干方法的例子给出了时间分辨散斑显微镜和 Nomarsky 显微镜。通过一个很常见的技术:微影像术,介绍了非相干成像(见 5.2.1.1 节),还讲述了一种新方法:瞬态定量相位显微术(见 5.2.1.2 节)。在检测定量相位信息时,超快工程中的高度有用信息被提取出,用于激光诱导等离子体的研究、三维微结构几何变化、玻璃中折射率的变化中。利用微马赫-曾德尔干涉仪(见 5.2.2.1 节)、散斑显微镜和 Nomarsky 显微镜(见 5.2.2.2 节),进行了相干成像的示范介绍。

5.2.1　非相干方法

5.2.1.1　影像术

原理和装置 采用飞秒时间分辨的泵浦-探测装置可开展时间分辨的影像实验(图 5.16),利用时间分辨影像术对离子、蒸气和熔化喷射进行成像。采用飞秒 CPA 激光器系统(Thales Concerto),在单脉冲模式下工作,波长 $\lambda = 820nm$,可产生泵浦(加工处理)激光辐射,其脉冲宽度 $t_p = 80fs$ (FWHM),接近高斯光束分布,而且脉冲能量 $E_p \leqslant 1.5mJ$ 。激光辐射由一个显微物镜 L1(Olympus MSPlan20, NA = 0.4)聚焦。20 倍放大时,计算出光点尺寸为 $2w_0 \approx 10\mu m$ 。所用脉冲能量设定为各材料烧蚀阈值的 100 倍。经分光镜后,激光辐射通过一个多程光延迟级、一个 2ω 或连续白光(WLC)发生器(见 5.1.1.2 节),形成了垂直于泵浦光光轴的探测光(L2,L3)。通过光路中多程延迟级的调节(见 4.4.1.2 节)和用于泵浦激光辐射的附加线性延迟级的使用,能够连续地改变泵浦和探测光束的光学路程。因此,初始泵浦脉冲和试样照明之间的时间差也可以发生变化。

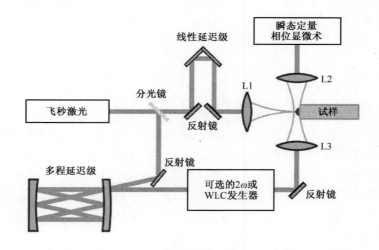

图 5.16　飞秒泵浦和探测影像术的原理图

表现出高化学纯度（10mm × 10mm × 1mm，$p > 99.9\%$）的具有光学品质的抛光铝或铜试样，利用 3 个高精度台（PI）可以进行灵活移动。摄影术可用于影像术中，采用了一个 CCD 相机（Baumer Optronic arc4000c）和一个显微物镜 L2（Olympus MSPlan50，NA = 0.55），其总的空间分辨力为 1.5μm。测量影像图像参考背底图像，可得到空间透射图像。这一实验装置可实现时间延迟的设置到 1.2μs，其中脉冲宽度 $t_p \approx 100fs$，可用在表面瞬态过程的观测中。

一个单脉冲与铜相互作用后，由 CCD 相机所记录的影像图（图 5.17（a））表现为一个膨胀的半球形冲击波、一个像气体的羽流和材料液滴。除了这些特征现象，在飞秒激光对铜和铝的烧蚀过程中，在较大延迟时间下还观测到了一个垂直向上膨胀的喷射。通过将激光诱导过程的图像（图 5.17（a））参考无激光诱导过程的背景强度（图 5.17（b）），可以消除由样品边缘上的光散射引起的干扰。计算出的空间透射率图像（图 5.17（c））提供了更大的对比度和伪影抑制。

5.2.1.2　瞬态定量相位显微术（TQPm）

1）原理和装置

单色辐射的干涉法只适用于当定量相位变化小于 π 时的过程动态检测[33]。对于相位变化大于 π 的时间分辨相位测量，已提出了采用商用软件 QPm① 的一种新显微方法，称为瞬态定量相位显微术（TQPm）[140]，它采用普通亮场的透射或反

---

① 　www.iatia.com.au.

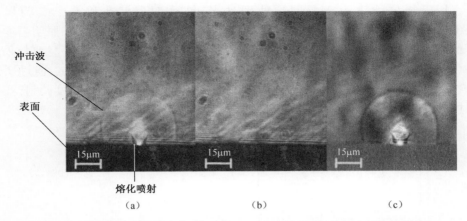

图 5.17　泵浦激光辐射从上部进入系统并辐射铜后的熔化喷射和冲击波形成

（ $t_{\text{delay}} = 14.6\text{ns}$, $F = 1.3\,\text{J/cm}^2$, $\lambda_{\text{pump}} = 820\text{nm}$, $t_{\text{p}} = 80\text{fs}$ ）[134]

射光显微术,没有附加的光学组件。QPm 利用在 3 个不同物面由 CCD 获得的 3 张物体图像,计算出物体的相位信息。这通过移动物体和顺序取图实现(见附录 B. 2)。然而,一些动态不可重复的过程不能被多次检测到,如熔化动力学,因为每幅图的信息均有变化。为了克服这点,利用同时取多次图像的方式,改进了 QPm (图 5.18(a))。与 QPm 不同,TQPm 装置将 3 个 CCD 相机和 1 个商用显微镜 (LEICA DML)相结合,可实现同步图像检测和时间分辨的定量相位显微术。

设计了一个适配器将这 3 个 CCD 相机与 1 个 Leica DM/LM 显微镜连接。辐射被分成 3 束强度大致相同的光束(分光镜 1:30% 反射率和 70% 透射率;分光镜 2:50% 反射率和 50% 透射率)。利用显微镜中的物镜和镜筒透镜对物面成像。间距 Δz 的不同物面 A、B 和 C 成像在不同像面 A'、B' 和 C' 上(图 5.18(b))。

此研究中,采用的物镜为:Olympus ULWD MSPlan 50×/0. 55、Leica N Plan L 20×/0. 4、Leica HC PL Fluotar 50×/0. 8 和 Leica HC PL Fluotar 63 × /0. 7。

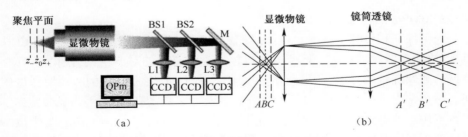

图 5.18　(a)瞬态定量相位显微镜(TQPm)的方案图 和(b)物面
A、B、C 和像面 A'、B'、C' 的光路图[140]

用于相位计算的 3 幅图预处理过程,包括 1 个校准和 1 个实验程序(图 5.19)。采用 3 个 CCD 相机检测不同面,会产生具有不同放大和照明强度的图像。需要利用这些图像以获得具有相同尺寸和照明效果的图像,并且要与采用一台 CCD 相机和统一 QPm 移动物体的效果相同。为了达到这一目的,通过提取 3 个物面的 3 张背底图和将背底图从 3 幅图像中去除的方式,利用"强度调制"实现强度的变换(图 5.19)。

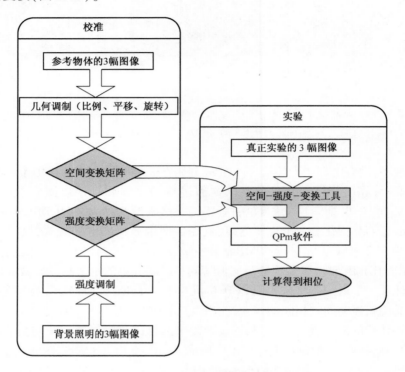

图 5.19　TQPm 校准和实验实现的流程[140]

2) TQPm 的特征

为了保证相位测量精度,CCD 相机需要与光轴正交。对于轻微偏离的 CCD 相机,已检测到图像的畸变。适配器的机械瑕疵和有限的对准精度,使得 CCD 相机获得的图像旋转和变形。因为不同像面的放大不同,会发生比例和照明强度的不同。一个常规显微镜所获得的物体清晰图像,大多数没有像差,因为显微镜光学系统在工作点处得到了很好的校正。通过移动焦点位置,如 $\Delta z = \pm 10\mu m$,生成图像相应地受到像差影响,会降低相位测量的分辨力。通过校准程序的"几何调制",包括旋转、平移和缩放图像,可校正不同放大倍数和可能失调的光学元件的影响(图 5.19)。在一个镀金的玻璃基底上,利用激光诱导烧蚀制作了一个带有线宽

2μm 十字的校准板。第一步,校准板的参考图像只采用一台 CCD 在 3 个不同的物面处获得,通过手动移动物体 Δz 实现。这 3 张图像参考标准 QPm 流程。第二步,校准板的图像由 3 台 CCD 获得,去检测与第一步相一致的移动像面。MATLAB 中编程的算法将每个离焦面的参考图像与 TQPm 装置所获得的相应图像进行对比,并利用投影变换对其进行调整。这表示一种保持几何直线性的向量空间变换,并具有图像的旋转、平移和再缩放功能。4 个像点足以明确地定义一个投影变换。由与光轴非正交对准的 CCD 和图像像差所引起的畸变,无法通过投影变换得到补偿。

为了补偿照明强度的变化,"强度调制"进行了一个强度变换,通过利用标准 QPm 和 TQPm 实验装置所获得的 3 张图像来实现。之后采用没有物体的与几何变换相似的流程。首先,通过移动显微镜的聚光镜(Leica NA = 0.1 ~ 0.9)一个期望的 Δz ,没有物体情况下采用一台 CCD,获得在 3 个不同物面上的参考图像。其次,由 3 个 CCD 获取图像。在 MATLAB 中编程的算法将每个离焦面的参考图像与 TQPm 装置所获得的相应图像进行比较,并通过添加适当的偏移量来调整图像强度。

几何和强度变换由 3 × 3 空间变换矩阵和相应的 $H × W$(H 和 W 为图像高度和宽度)强度变换矩阵表示(图 5.19),之后用实验程序对图像进行预处理。从实验中同时获取 3 幅图像,随后利用"空间–强度–变换工具"将数据输入到 QPm 软件中进行预处理。

用 Leica50×/0.8 显微物镜测量了商用光纤(浸在甘油中的 3M F-SN-3224)每波长光程的相移(图 5.20)。当位移 Δz 与所采用的物镜焦深相差很大时,会引起相位信息的丢失。相移利用光程长度 ns/λ 计算出,其中用到了光纤芯、包层和甘油的折射率 n,以及相对应的透射几何路径(表 5.1)。

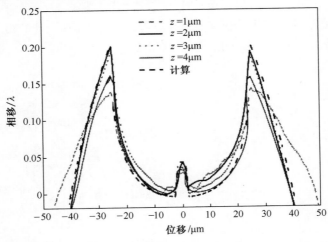

图 5.20 对于纤芯和包层,光纤相移和位移的关系(波长 λ = 550nm ,Leica 50 × /0.8)[140]

在 $\Delta z = 2\mu m$ 时,计算所得相移与测量值很好地吻合,这与物镜焦深相对应。在光纤芯和在包层 1-包层 2 交界处(后者位置 $\pm 25\mu m$)的相移最大。采用 TQPm 的焊接在线泵浦-探测控制将在 6.4 中介绍。

表 5.1　光纤和甘油的折射率和直径

项目	光纤芯	包层 1	包层 2	甘油
折射率	1.4580	1.4530	1.4570	1.449
直径/μm	4	50	150	—

5.2.2　相干方法

相干成像方法适用于小吸收率的物体检测,如气体、蒸气或有机颗粒,一般称为相位物体。最常见的技术是迈克尔逊干涉仪,马赫-曾德尔(Mach-Zehnder)微干涉仪是实际使用的更稳定的装置[158]。除此技术外,还有散斑显微镜和 Nomarsky 显微镜。

5.2.2.1　马赫-曾德尔微干涉仪

1) 原理和装置

马赫-曾德尔干涉仪是对 1892 年首次研发的雅满(Jamin)干涉仪的进一步提升。这种干涉仪的原理是"环正方形"系统(图 5.21)[159]。来自源 L 的辐射被分光镜 T_1 分成两束独立光束,每束分别被 S_1 和 S_2 反射,并经第二个分光镜 T_2 汇合。由此两束光束辐射能够发生干涉。

一束光代表测量光束;另一束光代表参考光束。提前定义了两束光的分离长度,这与空间受限的雅满干涉仪相比是个优势。基于 Horn 设计的市场上可买到的微干涉仪出现在 1960 年,由 Leitz 提供(图 5.21)。

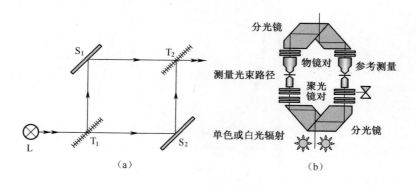

图 5.21　(a)马赫-曾德尔干涉仪的原理和(b)Leitz 干涉仪的原理

采用多色辐射,在干涉仪中观测到的条纹是彩色的(图5.22)。光延迟的测量可通过测量一种颜色条纹的位移(或采用单色辐射)获得。光延迟的计算式为

$$\Gamma = (n_0 - n_m)d \tag{5.15}$$

式中:n_0 为物体的折射率;n_m 为周围介质的折射率;d 为物体的厚度。

当已知邻近条纹间距 z、条纹位移 y 和波长 λ 时(图5.22(b)),物体折射率为

$$\Gamma = \lambda \frac{y}{z} \tag{5.16}$$

条纹宽度与干涉仪两臂光束间的夹角相关。当夹角为0°时,用均匀背景检测物体,每种颜色代表了不同的光学延迟(图5.23)。采用单色光源难以评估大的光学延迟($y > z$)(图5.23)。利用多色辐射检测相位物体引起的光学延迟,可区分不同的颜色,因此能够检测代表 $y > z$ 时大的光延迟的条纹位移(图5.23)。

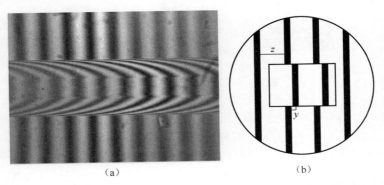

图5.22　(a)光学光纤的彩色相干条纹和(b)条纹位移的重构

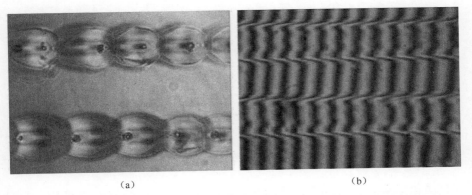

图5.23　(a)夹角0°时波导的彩色干涉图和(b)光纤的单色干涉条纹

2)特征

时间分辨的马赫-曾德尔微干涉仪的优点是采用激光辐射获得更大的空间相

干性,并通过使用连续白光,对于值$>\pi$的测量相位具有明确的依赖性。时间分辨力应是基本超快激光辐射的脉冲宽度,即使光谱成分被啁啾所取代(见 5.1.1.2 节)。

空间强度分布必须是均匀和无细丝的,尤其是对于条纹的评估来说。为了实现这一要求,通过将辐射聚焦进入蓝宝石而产生超快连续白光。就如 5.1.1.2 节中所讲的,在小平均功率下可产生只有一个细丝的白光辐射。采用微透镜阵列可同时产生许多此类细丝,由此生成了一个均匀空间强度分布的超快白光辐射(图 5.24)。测量角与光谱分布的关系如图 5.25 所示,这源于非线性过程(见3.1.2.3 节),必须在实验中予以考虑。

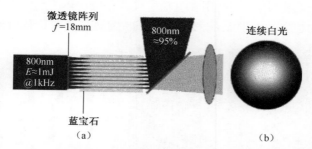

图 5.24 (a)利用一个微透镜阵列将激光辐射聚焦进入蓝宝石而产生连续的白光和
(b)检测到 WLC 的均匀强度分布

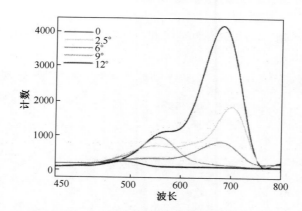

图 5.25 不同角度微透镜阵列产生的 WLC 谱

泵浦和探测技术,也可在超快激光辐射的基本波长或者 SHG 处使用。它对于时间分辨相位测量来说,是一个非常精细的工具,缺点是单色辐射的多 π 相位值的不明确。为了得到可靠的相位测量,物体(图 5.21)应具有相同的相位畸变特性。

5.2.2.2 散斑显微镜

散斑显微镜是揭示激光辐射空间相干性的一种方法。当相干辐射在粗糙表面被反射和衍射时产生散斑。当空间相干性比表面高度的横向距离（等于平均粗糙度）大时，入射、反射和衍射辐射间会发生干涉，从而引起一个非均匀的空间强度分布（图 5.26(a)）。

能够直接检测的散斑称为"客观散斑"，而为了成像"主观散斑"则需要一些仪器。主观散斑主要用于计量中，下面将会进一步讨论（图 5.26(b)）。散斑尺寸为

$$\sigma_{sp} = 1.22\lambda(1 + M)\frac{f}{D} \tag{5.17}$$

式中：M 为放大倍数；f 为焦距；D 为物体的直径[160]。它是由散斑强度分布的邻近最大值和最小值间距离所定义的统计平均。由于激光辐射的高相干性而使可见散斑很大（式(4.12)）。

通过刻蚀表面而制作的具有光学粗糙表面的漫散屏也用于散斑的产生。通过刻蚀多模光纤的端面，可实现一个非传统的散斑发生器。在远场，散斑的空间强度分布是圆形和高斯形（图 5.26(a)）。

用不在像面上的位移散斑，可检测出显微镜中像面上的物体密度变化。

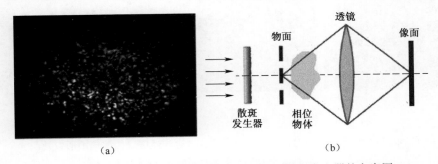

图 5.26　(a)远场的散斑空间强度分布和(b)散斑发生器的方案图
(λ = 532nm, t_p = 28ps)[141,144]

由振幅函数 $U_D(\xi,\eta)$ 描述的表面拓扑漫射器，在相干激光照射下，产生了具有强度分布 $I(r)$ 的散斑图形。散斑图形 $I(r)$ 照射摄像底板，并由平移 $\Delta = i \cdot \Delta x + j \cdot \Delta y$ 的相同散斑图形照射第二次，其中 i 和 j 为平移的单位矢量。采用激光辐射照射和显影摄像底板，会显示出杨氏干涉图形，其中条纹间距 $|\Delta|$ 垂直对齐 Δ。

首先检测无物体的散斑图，然后检测有物体的散斑图，对清晰路径和透明物体的叠加散斑图进行成像（图 5.27）。在气体或玻璃中引起的折射率变化，与压力变化成正比，使散斑发生位移。

采用散斑显微技术，可检测物体的折射率变换和透射变化，采用了半导体泵浦

再生放大 Nd:YAG 激光系统的激光辐射(脉冲宽度 $t_p = 38\text{ps}$, $\lambda = 1064\text{nm}$)[161]。散斑图形的像面定位在物体的像面上,而不提供折射率的定量评估。将散斑平面定位到图像平面中,散斑显微镜对于偏转角度变得敏感。物体折射率的变化不会使散斑发生位移。整体图像透射率的变化为

$$T = \frac{\sum_i a_i^{\text{Mes}}}{\sum_i a_i^{\text{Ref}}} \qquad (5.18)$$

在这种情况下,对测量图像和参考图像的每像素强度值 a_i 进行了概括总结。

由于图像中的相位信息是守恒的,使得散斑之间具有一定的相位关系,从而可以通过相位变化测量来获得折射率的变化。例如,一个散斑相位变化时,邻近散斑也会受影响。图像的总相位变化可通过对每个散斑透射变化来计算:

$$\delta\Phi = \sum_i \frac{a_i^{\text{Mes}}}{a_i^{\text{Ref}}} \qquad (5.19)$$

由于散斑的位置是固定的,可使用测量图像和参考图像的像素强度值进行计算。

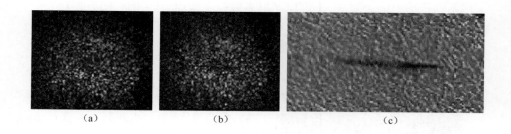

　　　(a)　　　　　　　　(b)　　　　　　　　　(c)

图 5.27　(a)没有改性玻璃的散斑图形和(b)有改性玻璃的散斑图形以及(c)
由式(5.18)计算出的强度 [141,144]

结合透射显微镜,测量图像和参考图像可利用 CCD 相机连续获得[161]。作为散斑发生器,倍频 Nd:YAG 激光辐射($\lambda = 532\text{nm}$, $t_p = 28\text{ps}$)由消色差物镜(NA = 0.4)耦合进入多模石英光纤(直径 $300\mu\text{m}$)(图 5.28)。

探测脉冲宽度经光纤中的多次反射而增大到 $t_p^{\text{speckles}} = 31\text{ps}$,表达式如下:

$$t_p^{\text{speckles}} \approx t_p \frac{L}{\sqrt{1 - \text{NA}^2}} \qquad (5.20)$$

光纤端面经刻蚀而变粗糙。散斑图形由消色差物镜成像到物面上。显微物镜(Olympus ULWD 20×)将物面成像在 CCD 相机上。通过将测量图像的每个像素除以参考图像计算出最终图像。噪声已通过平均三幅图而降低。

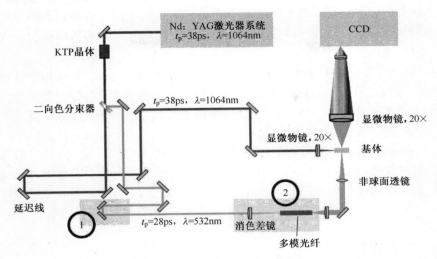

图 5.28 散斑显微镜装置图

1— 延迟线;2—散斑发生器。

5.2.2.3 Nomarsky 显微镜

1）原理和装置

Nomarsky 显微镜(也称微分干涉相衬显微镜)发明于 20 世纪 50 年代,它用于相位物体的观测[162]。这项技术可以克服研究对象的细胞中毒染色,以强调它们。

Nomarsky 显微镜采用宽光谱辐射（$\Delta\lambda \approx 10nm$），例如,卤素灯的辐射,经偏振片后辐射是线性偏振,再通过沃拉斯顿棱镜,此辐射在空间上被分成正交偏振的两分量(图 5.29)。空间位移代表几微米。这两个辐射分量经聚光镜准直,并在基底上发生相移。之后,两辐射分量经可调的沃拉斯顿棱镜而再结合。

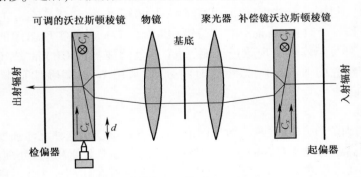

图 5.29 Nomarsky 显微镜的原理图[163]

由于线偏振辐射分量的空间分离,光束中的不同位置呈现相移。通过选取偏振片,再结合的辐射分量会发生干涉。干涉只发生在沃拉斯顿棱镜内。当空间间隔小于辐射的空间相干性时,就会发生干涉。最大分离被定义为所用辐射的相干长度。

图像对比度变化的大小必须与显微镜的分辨力极限相一致,空间相干性也必须一样大。例如,用于 Nomarsky 显微镜的基于热辐射的光源,具有一个宽光谱分布,其相干长度为几微米。激光辐射的时间相干长度由脉冲宽度决定,低于 $t_p = 100fs$ 可产生约 $30\mu m$ 的空间相干。

用 Nomarsky 显微镜观测到的折射率的一维阶跃变化结果是,折射率的微分 ∇n 在折射率变化(图 5.30)的位置附近表现出强度的增加和减小。利用 Nomarsky 显微镜,将相位物体折射率的变化再现为高对比度图像。

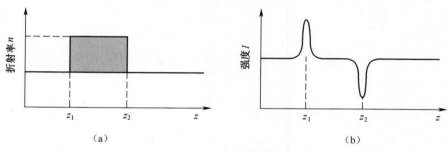

图 5.30　Nomarsky 显微镜原理
(a)阶跃折射率 n 变化;(b)引起的强度分布[141,144,164]。

时间分辨 Nomarsky 显微镜是采用超快连续白光 WLC 的一种泵浦和探测技术(图 5.31)。WLC 由电介质中超快激光辐射的自相位调制产生(见 5.1.1.2 节),具有小的脉冲宽度($t_p^{WLK} \le 3.5ps$)。每个光谱分量具备与产生激光辐射脉冲宽度($t_p^\lambda \le 100fs$)相当的一个脉冲宽度,产生与热源相当的一个相干长度。此 WLC 是线性偏振。利用一台彩色 CCD 相机(Arc4000c,Baumer Optronic,1300 像素×1030 像素)和一个改进 Nomarsky 显微镜(DMLP,Leica)可实现图像的检测。由 CCD 芯片上拜耳矩阵可实现颜色检测,每个颜色滤波器(RGB)带宽 50nm。CCD 相机中每个颜色的 Nomarsky 摄影的时间分辨,采用 WLC 啁啾计算出为 1ps(见 5.1.1.2 节)。

2)特征

WLC 的细丝被 CCD 检测为散斑图形(图 5.5),难以对这种混沌强度分布进行描述。利用高通滤波器对 Nomarsky 图像(分析半径 5 个像素)进行处理,使强度分布均匀化。通过仅增强相位变化的处理,传输变化被抑制(图 5.32)。只有强烈的传输衰减能够被检测到,例如由等离子体引起的吸收。

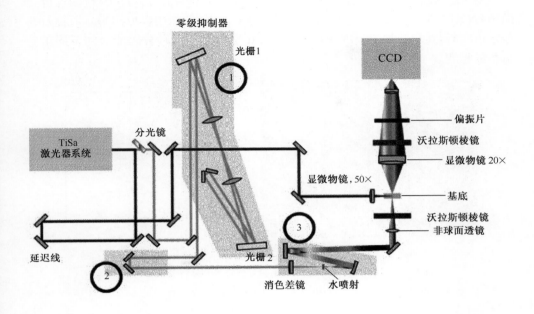

图 5.31　时间分辨的 Nomarsky 显微镜装置

1—零级抑制器;2—延迟线;3—WLC 发生器。[141,143,144,164]

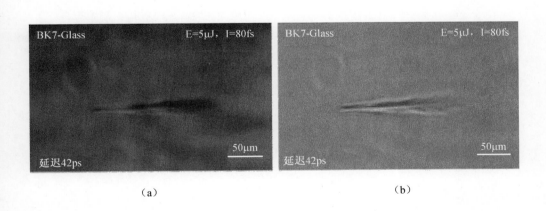

（a）　　　　　　　　　　　　　　　　　（b）

图 5.32　在 BK7 玻璃上的激光诱导改性

（a）没有滤波器时;（b）有高通滤波器时。

（Nomarsky 显微镜, $\lambda = 810nm, t_p = 80fs, I = 10\,PW/cm^2$ ）[141,143,144,164]

与 BK7 玻璃激光诱导改性产生的声波振幅成比例的信号,可以被检测为位置的函数(图 5.33)。声波的空间分布能够从 Nomarsky 图像中提取出来。所提及的技术可实现:在材料加工处理过程中(见第 6 章),具有飞秒分辨能力的不同工艺过程的检测。

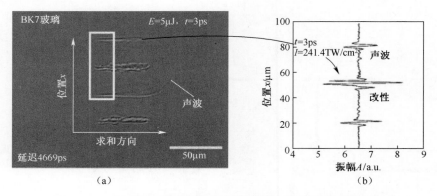

（a）   （b）

图 5.33　（a）BK7 玻璃上的激光诱导改性和(b)声波的空间分布
（Nomarsky 显微镜, $\lambda = 810\text{nm}, t_\text{p} = 3\text{fs}, I = 241\ \text{TW/cm}^2$ ）[141,143,144,164]

第6章
泵浦和探测计量的应用

在工业应用中,超快激光辐射已被用来进行材料的改性、熔化或烧蚀。还可以衍生出与这些工艺相关的不同加工处理过程,如着色、焊接或结构加工(图 6.1)。5.2 节介绍了利用成像泵浦和探测技术研究的金属打孔和结构加工。打孔过程采用影像术进行检测,而结构加工则采用散斑显微镜。

在打标和焊接应用中,采用超快激光辐射对玻璃进行处理。利用瞬态吸收光谱研究玻璃打标,是一种非成像技术(见 5.1 节)。还利用成像技术的 Nomarsky 显微镜进行了玻璃打标的研究。在玻璃焊接过程中引起的光学相位变化,可由新成像技术——定量相位显微术来检测。

以研发工业应用可靠的加工工艺为目的,为了更深入地理解加工过程,下面对如下的泵浦和探测技术进行介绍:打孔、结构加工、打标和焊接。

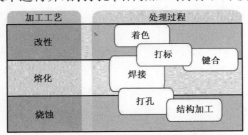

图 6.1　超快加工和衍生处理过程

6.1　材料打孔

6.1.1　简介

汽车、航空和能源工业都希望采用新技术来减少由于有害废气而造成的燃料消耗。一个策略是通过减小冷却孔直径和同时增加孔数量的方式,增加燃气轮机中涡轮叶片的孔密度。对于柴油发动机中的喷油嘴来说,使用更多小直径的可复制的孔,可获得更有效的喷雾效果。目前,工业上已应用了激光辐射打孔,利用毫秒和微秒脉冲 Nd:YAG 激光器可得到直径大于 $100\mu m$ 的孔(图 6.2),但仍然无法获得具有高重复性和高生产率的直径小于 $100\mu m$ 的孔。另一种尝试是高能量超快激光辐射的应用[134,135,165]。

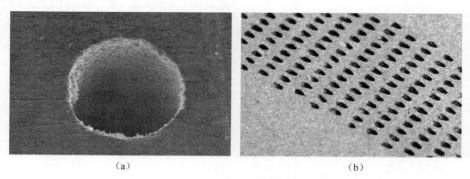

(a)   (b)

图 6.2　(a)钢中的打孔[166]和(b)脉冲激光辐射在单晶合金上的打孔[167]

下面利用成像泵浦和探测方法,如影像术和定量相位显微术,检测了高强度飞秒激光辐射的单脉冲烧蚀,也介绍了单脉冲熔化的相关内容。

6.1.2　喷射等离子体、蒸气和熔化的测量

已报道了异相成核后"正常沸腾"的时间尺度为微秒和蒸发的时间尺度为纳秒[168-169]。但是,金属沸腾温度之上的金属建模表明:在 100ns 内只有几个原子层的移除。因此,在时间尺度小于 1ns 时可以忽略这一过程。考虑沸腾效应,也会涉及液体中的异相成核。金属中两倍熔化温度在 100ns 内产生的扩散距离小于1nm。因此,也不期望正常沸腾在时间尺度小于 $1\mu s$ 时对烧蚀产生重大贡献。然而,在低于等离子体形成阈值[112]的半导体材料砷化镓(GaAs)上的实验表明,液体中存在气泡状结构。这些气泡在烧蚀脉冲后约 20ns 出现,并随时间成线性增长。

金属如铜和铝中的表面改性,会表现出不同的质量差异(图 6.3)。铜的表面形态具有玫瑰花状的改性效果。在烧蚀区域中心 $5\sim 10\mu m$ 处,观测到了亚微米尺度的再凝固熔滴和材料喷射。生成凹坑的轻微椭圆轮廓与所使用激光辐射的空间光束分布相符合。相比之下,铝材料上的凹坑轮廓具有较锐利的边缘。金属热导率和能量传递的测量可由电子-声子耦合常数给出,该常数会导致熔体复杂的流体动力学运动。除铜和铝相似的光学属性外,铜具有更小的电子-声子耦合常数

（$\gamma_{Cu} = 10 \times 10^{16}\ W \cdot m^{-3} \cdot K^{-1}$ 和 $\gamma_{Al} = 4.1 \times 10^{16}\ W \cdot m^{-3} \cdot K^{-1}$），当用超短激光辐射照射铜时，会产生一个更大的熔体。

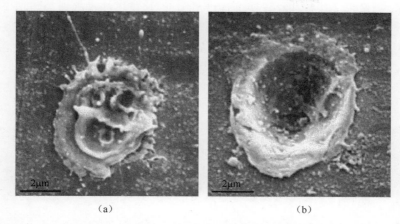

（a）　　　　　　　　　　　　　　　　（b）

图 6.3　单脉冲超快激光辐射产生的表面结构

（a）铜材料；（b）铝材料上（SEM，$\lambda = 820nm, F = 0.3 \sim 0.4\ J/cm^2$）[134]。

更大泵浦−探测时间达 $\tau = 1.8\mu s$（图 6.4）的单脉冲辐射下，熔体形成和材料烧蚀的动力学研究揭示了多种现象，如等离子体形成、材料液滴喷射和液体喷射[134,165,171]。在时间延迟范围 $\tau = 3.0ns$ 到 $\tau = 1.04\mu s$ 时，烧蚀动力学的现象演化被有条件的分为 3 个特征时间区域：

（1）第一个区域的特征是光诱导发射、高压加热材料的形成和膨胀，以及冲击波的初步形成（图 6.4（a）和（b））。在时间延迟 $\tau = 49ns$（图 6.4（a）），已观测到气体中一个膨胀的冲击波和蒸气羽辉，可以利用纳秒烧蚀的组合模型来表示[168-169]。

（2）在 $\tau = 200ns$ 的时间延迟下，在第二个区域（图 6.4（c）和（d）），烧蚀材料被爆炸般喷出。对于铜和铁，能观测到直径为 $1 \sim 3\mu m$ 的喷射液滴和集群，这些与成核和沸腾效应有关[168-170]。

（3）在时间延迟 $\tau > 700ns$（图 6.4（e）和（f））的第三个特征时间区域中，在铝材料上已观测到了速度约 $100m/s$ 的熔融材料向气体环境膨胀的喷射。在延迟 $\tau = 1.04\mu s$ 时，喷射结构的估算高度平均约为 $50\mu m$。相对于体和薄膜的不同吸收率和热导率，在相当的通量下[112]，金膜上形成纳米射流和微凸点的结果，可以定性地与瞬态熔体喷射相比。由于铝和金具有相似的热属性和相似的较小电子−声子耦合常数（$\mu_{Al} = 4.1 \times 10^{16}\ W \cdot m^{-3} \cdot K^{-1}$ 和 $\mu_{Au} = 2.3 \times 10^{16}\ W \cdot m^{-3} \cdot K^{-1}$），从而产生了熔化。与 Korte 等[172]的实验不同，实验是在远高于烧蚀阈值的激光辐射下烧蚀金属：生成的熔体结构大多不会产生永久性纳米射流。

为了获得来自喷射粒子的相互作用区内有限体 ΔV 的信息，已采用了基于 IATIA QPm 技术（见 5.2.1.2 节）的瞬态定量相位显微术（TQPm）（图 6.5）（见

5.2.1.2 节)[171]。

由于烧蚀材料的尺寸很小,如蒸气、熔滴和射流的喷射,它们的尺寸通常不超过几微米,影像术成像往往缺乏锐度深度。因此,也就不能准确地检测到熔融材料中相应的体积信息、相位、物体厚度、一致性和几何尺寸。通过 TQPm,可以检测出相互作用区内体积为 ΔV、厚度为 $10\mu m$ 的图像轮廓(图 6.5(a))。通过在 TQPm计算阶段采用滤光片,可以清楚地检测到整个区域的材料液滴(图 6.5(c))。烧蚀材料体积,例如蒸发和/(或)熔融金属,可通过假设沿表面法向的液滴轮廓的圆形对称性计算出[135]。

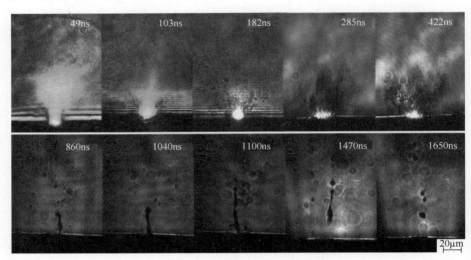

图 6.4　铝材料中发射的冲击波、等离子体和熔融物与时间延迟的关系
(影像术,$F = 1.8\ \mathrm{J/cm^2}$,$\lambda_{\mathrm{pump}} = 820\mathrm{nm}$,$t_{\mathrm{p}} = 80\mathrm{fs}$,WLC)[171]

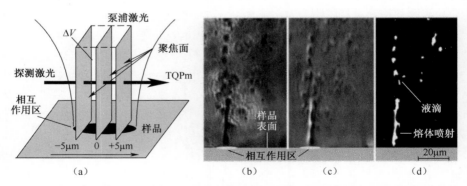

图 6.5　(a)聚焦面的分布图、(b)影像术图片、(c)定量相位图和(d)TQPm 结果,
表明了铝中的熔体喷射($\tau = 1.45\mu s$,$E_{\mathrm{p}} = 105\mu J$)[134]

6.2 金属的微结构

6.2.1 简介

超快激光光源正加快在微技术中的应用步伐。为了满足高质量的要求,半导体工业中需要用超快激光辐射进行金属的微结构加工,如表面粗糙度 $Ra < 10\mathrm{nm}$。例如,具有微结构的大面纹理组织加工需要使用高精度超快激光(图 6.6)。

使用泵浦和探测散斑显微镜研究了金和铜的薄金属膜的烧蚀(见 5.2.2.2 节)[161,173,174]。采用倍频散斑–图形–调制辐射,研究了超快脉冲($\lambda = 1064\mathrm{nm}$, $t_{\mathrm{p}} = 35\mathrm{ps}$)辐射的相互作用区域。利用显微物镜实现了 $1\mu\mathrm{m}$ 的空间分辨力。时间分辨力由激光源的泵浦脉冲宽度决定。已研究了一个脉冲辐射后的前 20ns 内,烧蚀孔的生成、蒸气和周围气体的相互作用,以此观测表面属性的变化(固体、液体或气体)(图 6.7)。在一个共线照明装置中,已检测到了反射率的变化。利用正交照明也已检测到了透射率与脉冲能量和延迟时间的关系。

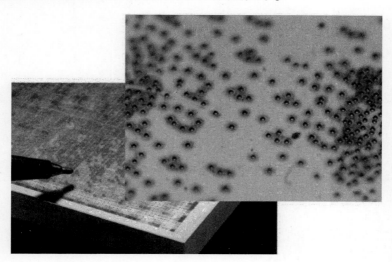

图 6.6　钢材料上的微结构

6.2.2 等离子体动力学检测

激光辐射后 600ps,铜表面的反射率发生了强烈变化(图 6.7)。已检测到 3 个

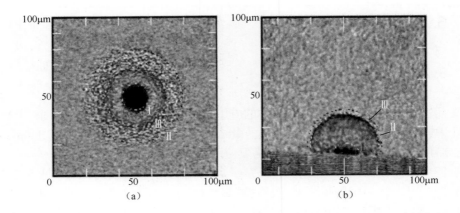

图 6.7　铜表面利用影像仪测量的膨胀等离子体羽辉
(a)以反射率测量；(b)以透射率测量。
Ⅰ—等离子体；Ⅱ—冲击波；Ⅲ—电离前沿（$\lambda = 1064\text{nm}$，$t_p = 35\text{ps}$，$\Delta t \approx 600\text{ps}$）[161]。

区域：
 （1）区域Ⅰ为电离金属构成的表面等离子体；
 （2）区域Ⅱ为冲击波前；
 （3）区域Ⅲ为电离前沿。
 等离子体区域表现为强烧蚀，且随着脉冲能量增加而变大。根据空气中诱发的折射率变化，可检测到由压缩周围空气所构成的冲击波。随着辐射能量的增加，冲击波越发明显。冲击波具有一个球形几何形状，其膨胀几乎与烧蚀金属的物理属性无关。除冲击波外，一个电离前沿正在形成，并随着能量增加而越来越明显。电离前沿代表了高度压缩的气体，此气体表征了光发射的区域。在此前沿后，气体温度剧烈上升，从而引起了电离。
 冲击波形成所需要的那部分光能，可利用 Sedov 模型[175]计算得到，假设冲击波的形成是在时间和空间上的单一能量沉积之后。在三维上，冲击波前的位置 r 和能量 E、时间 t 的关系为

$$r = \lambda_0 \cdot t^{0.4} \left(\frac{E}{\rho} \right)^{0.5} \tag{6.1}$$

式中：λ_0 为周围空气的绝热系数；ρ 为气体密度。
 冲击波约消耗所施加脉冲能量的 $10\% \sim 20\%$（图 6.8），此能量在烧蚀过程中耗尽。在辐射过程中可检测到剧烈的吸收，这表明烧蚀是在辐射过程中开始的。

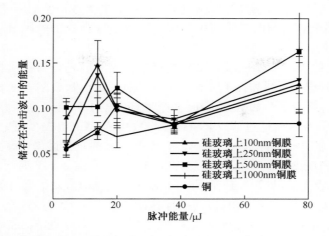

图 6.8 储存在冲击波中的能量与脉冲能量的关系（$\lambda = 1064\text{nm}$，$t_p = 35\text{ps}$）[176]

6.3 玻璃打标

6.3.1 简介

采用激光辐射诱发玻璃中的微结构，能够实现高质量的内部打标。例如，出于安全考虑如标记，会生成高精确和高对比度的文字。利用多光子电离形成电子空穴对，随后激活多价离子的氧化还原反应，目的是为了得到彩色玻璃，如蓝色、淡紫色、黄色、红褐色和灰色。这使得无裂纹玻璃的无应力打标成为可能（图 6.9）[177-178]。

图 6.9 利用脉冲紫外激光辐射的着色玻璃（$\lambda = 355\text{nm}$，$t_p = 30\text{ns}$）

123

目前,仍在研究光学击穿、雪崩电离、多光子电离或激光诱导色心形成的影响[179-180]。激光辐射与电介质的相互作用可以划分为3个阶段:辐射吸收;光反射;电介质改性。

为了解飞秒[181-182]脉冲激光辐照过程中和辐照后光子与物质相互作用的过程,利用时间分辨的泵浦和探测光谱研究了 MgO、SiO$_2$ 和金刚石的相移和吸收系数。对于绝缘体的辐射,如碱卤化物,会产生自由电子和空穴,随后再复合成自陷激子(STE)。这种复合通过形成非桥键氧空穴中心(NBOHC)实现。NBOHC 通过发射两个电子伏光子衰减为 STE[183]。石英中 STE 的复合过程比碱卤化物要快得多,碱卤化物表现出在低温下一个强烈的冷光发射,如在 2.8eV 时[184-185]。

用瞬态吸收光谱(见5.1.1节)研究了脉冲激光辐射激发熔融石英后的电子-空穴形成过程($t_p = 80fs$,$\lambda = 810nm$,$f_p = 1kHz$)。

通过泵浦和探测方法(见 5.2.2.3 节),利用时间分辨的 Nomarsky 摄影,研究裂纹和折射率变化等改性,将在两个不同的激发时间下进行介绍($t_p = 80fs$ 和 3ps,$\lambda = 810nm$)。在飞秒到纳秒的时间范围内,观测到了熔融石英和 BK7 玻璃中的折射率变化和裂纹。

6.3.2 激光诱导缺陷检测

电子空穴对在相互作用区产生,它可以通过辐射或者电荷交换和离子输运形成自陷激子(STE)。STE 本身也可以利用光发射进行重组。这些电子在紫外到可见光波段吸收辐射,就像自由电子或金属导带中的电子一样。在熔融石英中飞秒激光辐射激发电子的初始过程,已利用瞬态吸收光谱(TAS)观测到。在 10~120ns 的时间范围内,由于加热区域强烈改变了折射率并使辐射发生偏转,因此无法得出有关吸收的总体情况。此外,由于玻璃基质在激光辐射的激发过程中被加热,因此无法进行采用皮秒激光脉冲激发的 TAS 测量。

获得的吸收光谱具有类似于 WLC 的曲线特性(见5.1.1.2节),这意味着吸收光谱在时间和频率上发生了位移(图 6.10)。已检测出 350~750nm 范围内,存在一个短时间步长(像 δ 函数)的吸收带。TAS 的光谱带宽与 WLC 相同,主要与探测光束一致。吸收带根据 WLC 的啁啾改变其位置(图 5.10、图 6.10)。

超短激光辐射激发熔融石英的吸收光谱具有一个从紫外到可见光的吸收带,其吸收维持几个皮秒(图 6.11(a))。8ps 之后不能检测到吸收带[143]。

吸收持续时间的计算为 $\tau_{band} = 670fs$(图 6.11(a))。如 5.1.1.2 节中所介绍,吸收的持续时间是可以计算的。假设一个瞬态吸收的吸收持续时间是 $\tau_{abs} = \tau_{band} - \tau_{WLC}^{chirp} \approx 300fs$,与波长无关(图 6.11(b))。这种短吸收持续时间可归因于几个飞秒内自由电子的形成[186],这些自由电子在纳秒范围重组或者形成稳定缺陷,如 STE。

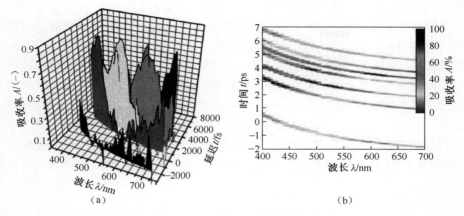

图 6.10　吸收光谱与延迟时间的关系

(a)二维;(b)三维(熔融石英,$\lambda = 810\text{nm}$, $I = 10\,\text{PW/cm}^2$, $t_\text{p} = 80\text{fs}$)[144,148]。

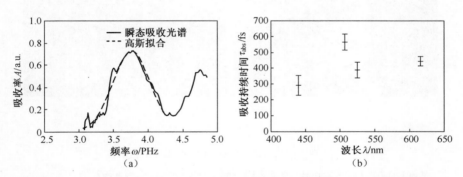

图 6.11　(a)啁啾 WLC 的一个延迟时间下的瞬态吸收光谱和(b)熔融石英的
吸收持续时间和波长的关系($\lambda = 810\text{nm}$, $t_\text{p} = 80\text{fs}$)[144,148]

6.3.3　折射率变化和裂纹的检测

泵浦辐射($t_\text{p} = 80\text{fs}$ 和 $t_\text{p} = 3\text{ps}$)聚焦进入 BK7 玻璃、熔融石英或石英中的表面下方 $300\mu\text{m}$ 处,通过泵浦和探测方法并利用时间分辨的 Nomarsky 摄影,研究了激光与它们的相互作用(图 5.31)。正交于泵浦辐射,WLC 经一个非球面透镜聚焦在基底上(光束直径约 $500\mu\text{m}$)。利用荧光显微物镜(NA=0.3),借助摄影从观察面上收集了此辐射。

在皮秒时间范围内,沿光束束腰方向可以在熔融石英、石英和 BK7 玻璃中观测到细丝形成并伴随着稠密的等离子体。折射率沿着细丝发生变化,维持若干纳秒的时间,并且在前500fs中观测到一个亮蓝发光(图6.12(a))。

当脉冲能量增加时,等离子体的密度和寿命也增大。在皮秒到纳秒的时间范围内(10ps~100ns),等离子体不再被探测到。经过电子弛豫或STE去俘获,玻璃基体被加热,产生了强烈的折射率变化。这个加热状态在许多个纳秒时间内保持不变。声波以5~6km/s的速度从辐射区扩展。在强度$I \geqslant 10\,PW/cm^2$时,在所有被研究材料中都可检测到裂纹。对于较低强度,只能检测到折射率的变化,可应用在波导写入中。

利用一个飞秒激光辐射,在$I < 0.18\,PW/cm^2$时加热玻璃,并在40ns内进行冷却(图6.12(b))。在激光辐射后整个100ns的时间内,均没有检测到折射率的变化。

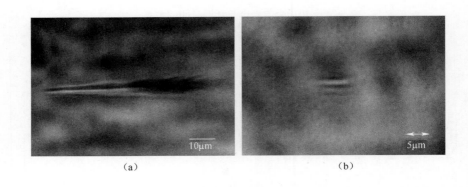

(a)   (b)

图6.12　激光辐射后500fs时对BK7玻璃的Nomarsky摄影

(a) $I = 10\,PW/cm^2$;(b) $I = 7\,TW/cm^2$($\lambda = 810nm$, $t_p = 80fs$)[144,148]。

高强度皮秒激光脉冲对BK7玻璃的激发过程中,在辐射区域观测到了强吸收。声波形成后在BK7玻璃中以$v = (6.45 + 0.03)km/s$的恒定速度扩展(图6.13(a))。BK7玻璃中的声波呈圆柱状扩展至光束的焦散,并且在熔融石英和石英中的相互作用区域形成了球形的声波[143]。在皮秒激光激发下,大约10ns的时间内,可以观测到电子吸收率的增加。细丝中折射率变化直到120ns仍可观测到。在此激发状态下,对于所有被研究材料,均能观测到强烈开裂。

在相同的脉冲能量下,皮秒激光辐照玻璃和石英时,两者的机械应力均大于声波的振幅(图6.13(b))。熔融石英的声波振幅与脉冲宽度无关,并且比BK7玻璃要小。利用皮秒激光辐射激发石英,产生的声波振幅随着径向距离的增大而缓慢降低。然而,当采用飞秒激光辐射激发时,声波振幅在20μm内降低,BK7玻璃的衰减比熔融石英和石英更明显。因为超短的应力作用,产生了频谱较大的应力声波,经过玻璃中的色散而将能量释放。

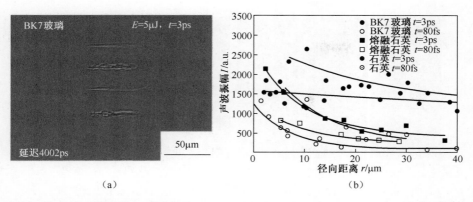

图 6.13　(a)BK7 玻璃中激光诱发裂纹和(b)4ns 后($\lambda = 810nm$, $t_p = 3ps$, $I = 48.3\,TW/cm^2$),
BK7、熔融石英和石英中声波振幅与径向距离和脉冲宽度的关系($E_p = 5\mu J$)[144,148]

6.4　玻璃和硅的焊接

可靠的玻璃–玻璃和玻璃–硅的微连接技术实际上不适合玻璃连接,目前采用基于胶黏剂或夹层的技术实现玻璃连接。焊接处力学属性和化学稳定性不足以满足许多应用的需求。

6.4.1　简介

利用超快激光辐射的烧蚀实现了精密微结构加工,不影响具有热应力和热机械应力的块体材料[141]。由于超快的脉冲持续时间,高强度是可以在小通量下实现的,这使电介质中多光子过程低于烧蚀阈值。所观测到的效应是不可逆的折射率变化、双折射和光电活性。这些效应还不完全清楚,但是给出了一些方法。

(1) 由于多光子吸收产生自由电子而引发的一个非热过程,导致了缺陷的发生,如短寿命 STE,长寿命 NBOH 和 F 中心[187]。通过改变硅和氧原子间的结合距离,使密度发生变化。

(2) 另外,由于电子系统松弛到声子系统中[188],通过加热玻璃可以实现热过程。玻璃在局部加热[165],并且在一个很小的体积内,大压缩力使玻璃密度发生改变。

已经实现玻璃焊接、玻璃和硅焊接(图 6.14)[189-194]。

6.4.2　激光诱导熔化的检测

采用瞬态定量相位显微镜(TQPm)(见 5.2.1.2 节)[140,165,195,196]和马赫–曾

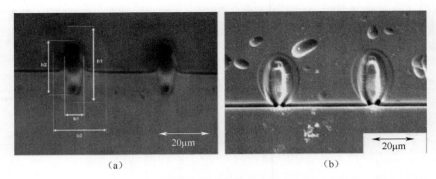

（a） （b）

图 6.14 （a）玻璃-玻璃中焊缝截面和（b）蚀刻的玻璃-硅中焊缝截面

德尔微干涉仪（见 5.2.2.1 节），研究了利用飞秒激光焊接进行的薄玻璃板和玻璃板的连接。

6.4.2.1 瞬态定量相位显微镜（TQPm）

利用 RCA 清洗法[①][197]对厚度 1mm 和 200μm 的工业硼硅酸盐玻璃（Schott D263）进行了处理。随后，玻璃和玻璃被压在一起。在界面内聚焦高重复频率的超快激光辐射（IMRA μJewel D-400，$\lambda = 1045nm$，$t_p = 350fs$），并相对于激光焦点沿平行于板之间的界面移动玻璃板，通过以上方式实现玻璃板的连接。玻璃和玻璃焊接的加工重复频率设定在 $f_p = 0.7MHz$。利用反射镜将激光辐射从光源导入一个定位级（Kugler Microstep），并经显微物镜聚焦到玻璃界面的直径为 4μm（Leica 20×，NA 0.4）（图 6.15）。D263 玻璃的焊缝由平行于界面的玻璃板以固

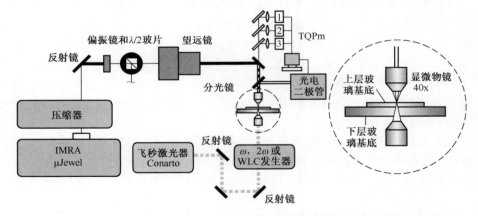

图 6.15 焊接（实线）和瞬态定量相位显微镜 TQPm（虚线）的装置[140,165,196]

---

① W. Kern 在 1965 年研发了基本步骤，当时他为 RCA（the Radio Corporation of America）工作。

定速度($v = 60\text{mm/min}$)和相对于界面的焦点位置移动而产生。利用 TQPm 可测量出其相位分布。

将 TQPm 和两激光光源结合,检测出了焊缝内的光学相位(图 6.15)。采用了 0.5Hz 重复频率的激光源(THALES Concerto, λ = 800nm, f_p = 80fs)对焊接区域进行照明。泵浦脉冲(IMRA)和照明探测脉冲(Concerto)的时间相关由光电二极管检测。激光系统不是时间同步的,导致在泵浦和探测辐射之间的随机延迟(见 4.4.2.1 节)。测量数据后,需将数据反馈。利用边缘滤波器,在波长大于 750nm 时具有很高的透过率,可以抑制接近检测波长的 TQPm 对光学等离子体发射的检测。

泵浦脉冲(IMRA)后 4 个延迟时间的光学相位分布,强调了辐射($t = 0.0\mu\text{s}$)后不久在激光相互作用区内的一个光学相位下降,这种下降可以归因于自由电子的产生。在激光相互作用区附近,测量到了光学相位增加,这归因于压缩熔体。当增加延迟到 $t = 2.1\mu\text{s}$ 时,由于熔体的冷却和再凝固使相互作用区中光学相位增加(图 6.16)。利用 TQPm 对光学相位的检测是用于过程监控的一种可行的方法。

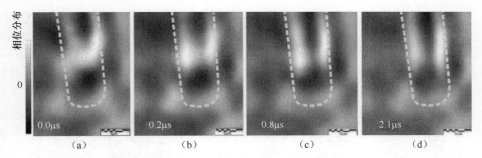

图 6.16　不同延迟时间利用 TQPm 检测焊缝尖端(虚线)的相位分布[140,165,196]

6.4.2.2　瞬态马赫–曾德尔微干涉仪

采用马赫–曾德尔微干涉仪取代 TQPm 的装置已被用来进行相位变化的检测(见 5.2.2.1 节)。在此方法中,焊接装置已被集成到干涉仪中(图 6.17)。选择两个相同的干涉型 20 倍显微物镜作为参考臂和检测臂。参考臂包含一个玻璃基片,它能引起与用于检测光学相位变化的样品相同的光学相移。红外飞秒激光辐射的空间均匀超快连续白光用于探测辐射(见 5.2.2.1 节)。由在 0.5Hz 下参数为 λ = 800nm, f_p = 80fs 的 THALES Concerto 产生此种连续白光。

通过将马赫–曾德尔微干涉仪和焊接泵浦激光(IMRA)相结合,检测出了焊缝内的光学相位。泵浦脉冲(IMRA)和照明探测脉冲(WLC-Concerto)的时间相关利用光电二极管检测。激光系统不是时间同步的,导致了泵浦和探测辐射之间的随机延迟(见 4.4.2.1 节)。测量数据后,需将数据反馈。

同轴测量的彩色干涉图已进行了评估,可检测出每种颜色条纹的位置,也可计

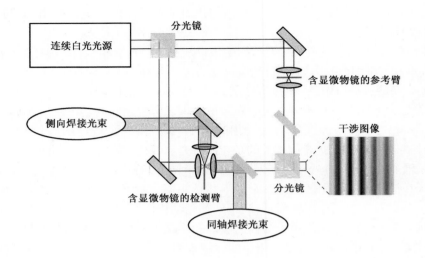

图 6.17　瞬态马赫-曾德尔微干涉仪装置

算出空间分辨的激光诱导相移(见 5.2.2.1 节和图 6.18)。已检测出达到 250nm 的相移。已知接近玻璃熔化温度时玻璃折射率与温度梯度 dn/dT 的关系,可以使用测量的相位关系计算出温度分布。

图 6.18　(a)玻璃中同轴焊缝干涉图和(b)轮廓线提取相移
(IMRA, 350fs, 1MHz, 350nJ)

　　在焊接轴向位置已评估了检测到的光学相移(图 6.19)。激光诱发的缺陷和自由电子,使得在激光焦点区光学相位降低。自由电子的折射率 $n<1$。热传导使焊接前沿被加热,因而相比未辐射区域折射率降低。在激光焦点后,由于过度压缩的熔体,使得折射率增加,且比无辐射区域要大。焊接尾部是再凝固的玻璃,由于激光引发的稳定缺陷和压缩,其折射率比无辐射的玻璃要大。

　　这两种诊断方法都可以在线检测焊接工艺参数,如玻璃的相移;也实现了焊接工艺的控制,如调节激光辐射的平均功率。

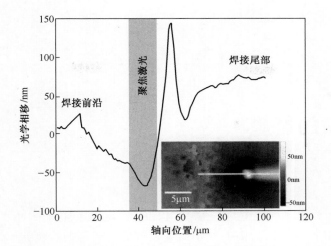

图 6.19　在激光诱导玻璃焊接中光学相移与轴向位置的关系
（IMRA，350fs，1MHz，350nJ）

第7章
对未来的展望

当今泵浦和探测计量主要用在科学仪器中。超快光学计量的前景如下：

（1）在加工和安全应用中，对于质量控制的在线诊断。例如，太赫兹辐射，称为T射线，用于安全应用是经济可行的，如在包裹或衣物中对金属的检测[198]。同样对于材料检测，时间分辨红外光谱技术在机械高应力组件上的应用，如发动机中的旋转部件，在工业上越来越适用。

（2）在半导体工业中，利用皮秒超声激光声纳能够实现[199]对于质量保证的离线诊断。通过在泵浦和探测装置中使用高重复频率皮秒红外激光辐射，可以检查半导体晶圆上集成电路中的薄膜。通过测量激光诱发声波的速度，可检测层厚。

（3）加工优化的工艺理解。

（4）工艺理解的工艺控制。

为了满足超快光学计量向工业应用的转化：

（1）光源必须更加可靠、集成和经济。

（2）泵浦和探测的方法必须稳定和快速，实现装置小型化和纳米尺度的可复制性，为纳米工程的新市场而服务。

（3）向工业的转化受成本效益因素的制约，换言之，除非这项新技术经济可行，否则不会开发。

新光源和方法上的前景，例如金属打孔（图7.1）表明：将超快激光光源的重复频率从1kHz提高到1MHz，同时经非线性过程减小脉冲宽度和/（或）聚焦直径，可使高通量纳米结构加工成为可能。超快光学计量学为新的加工领域提供了工艺研究方法及参考，加深了人们的理解，并通过过程控制提供了重要的质量保证。

对新激光光源的展望在7.1节介绍，在光学泵浦和探测计量中方法的改进在7.2节给出。

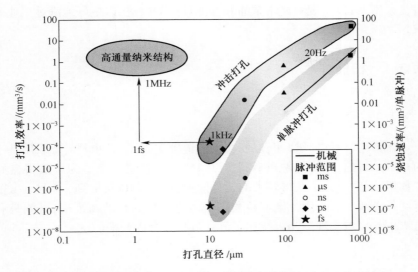

图 7.1　单脉冲机械、激光打孔和不同脉冲宽度冲击打孔中的打孔效率、烧蚀率和直径的关系，以及外推到高通量纳米结构（部分数据来自文献［2］）

7.1　激光和其他光源

超快激光光源正朝着更加可靠的方向发展：一方面，目前固态激光器采用全固态泵浦和封装，因此具有长寿命和稳定性；另一方面，超快激光器的光纤技术正朝更高脉冲能量和更高功率的方向发展。更高重复频率 $f_p \approx 1MHz$、平均功率在 $P = 100W$ 之上的超快激光光源的发展，即将进入应用阶段［58,200,201］。根据反射镜尺寸，可能需要自适应光学补偿高功率激光辐射引起的热畸变。最终，使用这些高功率激光器，可以通过高次谐波产生 EUV 和 X 射线辐射。泵浦和探测计量的应用，如高速空间和时间分辨的晶圆检测，可以容易获得，并能使操作中断的诊断更加快速。

替代光源如自由电子激光器，如今的大型设备，可以通过微技术实现微型化，并发展成非常多用途的光源。微 X 射线自由电子激光器产生波长小于 15nm 的 X 射线，由于医学诊断所需的可变能量调节，将引起 X 射线计量学的变革。

7.2　方法

通过提高生产效率、扫描技术（见 7.2.1 节）和降低时间扫描（见 7.2.1.2 节）

的设备复杂度,可以实现对光学泵浦和探测计量的改进,以更好地满足工业上的应用需求。

7.2.1 扫描技术

7.2.1.1 空间扫描

质量保证的计量必须快速,以便在生产链中实施,这意味着需要采用基于空间扫描的技术。目前,激光光源可获得大于 1GHz 的重复频率。为了获得良好的测量统计数据,同时也为了获得较大的运算能力,从 $v = 100\text{m/s}$ 到 $v = 1\text{km/s}$ 范围的扫描速度是必须的。采用光电偏转和高速多边形相结合的新策略,可能是利用高功率超快激光辐射实现多光束线和多链计量相结合的开端。

7.2.1.2 时间扫描

使用一对通过异步光学采样(ASOP)进行电子同步的激光器,激光器的扫描频率应能达到 10MHz,结合高速多边形反射镜,可以在大的时间延迟($t \approx 1\text{ns}$)和非常高的速度($v \approx 100\text{m/s}$)下,实现对最大面积达 1m^2 大区域的扫描。

7.2.2 光束整形

7.2.2.1 空间整形

已经发明了使用超材料的新光学元件[202-204],目前这些光学元件工作在红外光谱范围。将其适用范围向可见光推进的尝试正在进行,关于在 $\lambda = 1\mu\text{m}$ 波长下应用超材料的首次结果已被报道。超材料将使人们能够利用尺寸远低于衍射极限的常规辐射进行物体成像,也能使红外激光辐射聚焦到 10nm 大小的光斑成为可能。利用紫外-可见-红外光谱范围的光辐射,将为超快光学计量打开纳米世界之门。

7.2.2.2 时域整形

时间光束整形的概念,时至今日仍处于研究中[77,205,206]。定制微光辐射用于提升工艺水平的潜力很大。具有柔性产品链的生产需要超快光学计量也是柔性的:与遗传程序结合的相关泵浦和探测方法可能解决此问题。

第8章
总结

超快光学计量已被提出,是用于工程技术中的一种新的创新性工具。已经介绍了光学泵浦和探测计量的独特属性,如超快时间分辨力和超高空间分辨力等,提出了超快工程技术应用中质量检测、过程控制和过程研究的新应用和新工具。

概述了超快激光光源的基本原理及其与传统激光光源相比所具有的新特性,如超短脉冲宽度和大光谱带宽等。用于工业应用和超快光学计量的激光器系统也已阐述,尤其是基于光纤技术的高功率激光器系统的发展正与工业需求紧密相关。

通过对超快激光辐射的聚焦、定位和扫描,实现了超快光学计量的高时空分辨能力。描述了产生 $1\mu m$ 小焦点的需求,突出了高斯光束的特性,它是工业超快激光器的主要辐射源。超快激光辐射的关键参数已被证明可用于超精细应用。

对激光辐射与物质相互作用进行了必要的研究,指出了低于和高于烧蚀阈值的超快激光诱导过程。简述了激光辐射的吸收和物质的加热、熔化、蒸发和电离,并给出了等离子体物理的概念介绍。详细阐述了超快物理学的相关知识,并基于泵浦和探测计量技术,实现了对近瞬态激光诱导过程的超快检测。

还讲述了泵浦和探测技术的重要基础,将激光辐射视为分析光束,讨论了脉冲宽度、色散和相干性等必要的特性,以此满足泵浦和探测实验中的相关需求。所描述诸多技术的目的,是生成为获取有关过程信息的物质确定状态。介绍了必要的测量技术,由此推演出了探测辐射的测量方法。成像是超快光学计量的一个重要课题,需要衍射理论的相关知识。本书综述了利用显微镜超快物镜在微纳技术应用中的显微成像技术。介绍了延迟技术,它是泵浦和探测计量的核心工具。提出了双光源超快扫描的全新概念。

超快工程技术的超快检测方法可以划分为非成像和成像两种。以这种方式,超快激光辐射被用来探测实验样品,原因如下:

(1) 光谱所需的大光谱带宽;

(2) 用于共振处理的可整形时间脉冲;

(3) 小脉冲宽度对于快速过程的检测非常重要;

(4) 用于测量电介质中光学参数的相干特性。

已经介绍了泵浦和探测计量在非成像和成像检测中的不同应用,展示了这些方法的潜力。并给出了所选金属和玻璃的一些实例,对未来有许多展望:

(1)金属激光打孔。采用光学泵浦和探测影像术对烧蚀材料和等离子体的动力学特性进行了研究。

(2)微结构。已研究了采用超快激光辐射的金属微结构加工,利用泵浦和探测散斑摄像术,检测了烧蚀后等离子体的膨胀。对冲击波和电离前沿的空间分布进行了成像,计算出了烧蚀过程中耦合入等离子体的总能量。

(3)玻璃打标。利用泵浦和探测 Nomarsky 摄像术研究了玻璃打标,检测了裂纹形成的动力学特性。用瞬态吸收光谱监测了玻璃中的电子动力学现象。

(4)玻璃焊接。由于超快激光辐射的特性,使得玻璃焊接是可行的。利用泵浦和探测定量相位显微术研究了辐射过程中的熔化形成。通过这种方式,在焊缝前沿检测到时间分辨的相位变化,使超快焊接的过程控制成为可能。

新的激光光源正向经济和可靠的方向发展,同时也提出了搭建泵浦和探测测量系统的新概念,如 ASOP。通过发展新的光束整形技术以增强过程信号,以及通过提高空间和时间分辨力到纳米和阿秒范围的新光学技术的发展,可以产生超快泵浦和探测计量的新研究领域。

光学泵浦和探测计量在工程中的社会相关性,通过参见在半导体和微技术工业以及制药工业中的技术发展,可以很好地证明。正发生的特征尺寸的无阻尼缩小,需要新的工程技术,如采用超快激光辐射的超快工程。制药工业越来越多的采用分子化学方法生产高选择性的药物,这些药物可以通过超快光学计量控制的超快化学过程产生。

本书将超快光学泵浦和探测计量作为一种诊断和过程控制的新技术,已成功集成到超快工程技术中。

附录

附录 A　锁相放大器

锁相放大器(也称相位敏感检测器)是一种放大器类型,能够从极强噪声的环境中分离出特定载波信号(信噪比可低至-60dB,甚至更低)。锁相放大器采用混频,即通过一个频率混合器,将信号的相位和振幅转换为直流信号,即实际是一个随时间变化的低频电压信号。

实质上,锁相放大器接收输入信号,并将它与参考信号(由内部振荡器或外部源所提供)相乘,然后在一段特定时间内积分,通常在毫秒到几秒量级。输出信号实际上是直流信号,其中与参考信号频率不同的信号衰减为 0,同样与参考信号频率相同的信号非同相分量也为零(因为正弦函数与相同频率的余弦函数正交),这也就是为什么锁相放大器是一个相位敏感检测器的原因。

对于一个正弦参考信号和一个输入波形 $U_{in}(t)$,能够计算出一个模拟锁相放大器的直流输出信号为

$$U_{out}(t) = \frac{1}{T} \int_{t-T}^{t} ds\ \sin[2\pi f_{ref}s + \phi]\ U_{in}(s) \tag{A.1}$$

式中:ϕ 为能够被设定在锁相上的相位(默认设定为零)。

实际上,锁相技术的许多应用仅需要恢复信号振幅,而不是相对于参考信号的相对相位。锁相放大器通常既测量信号的同相分量 X,也测量信号的非同相分量 Y,并能够从中计算出量级 R。

附录 B 光学相关

B.1 阿贝正弦条件

一个光学系统物面上物体的透射函数为

$$T(x_0,y_0) = \iint T(k_x,k_y)\,\mathrm{e}^{\mathrm{j}(k_{x0}+k_{y0})}\,\mathrm{d}k_x\mathrm{d}k_y \tag{B.1}$$

假设无像差,像面坐标与物面坐标线性相关:

$$\begin{cases} x_i = Mx_0 \\ y_i = My_0 \end{cases} \tag{B.2}$$

式中:M 为系统的放大率。

利用放大率 M 扩展 k_{x0} 和 k_{y0} 并移动到像面中,得

$$T(x_i,y_i) = \iint T(k_x,k_y)\,\mathrm{e}^{\mathrm{j}((k_x/M+k_y/M)y_i)}\,\mathrm{d}k_x\mathrm{d}k_y \tag{B.3}$$

定义像面波数为

$$k_x^i = k_x/M \tag{B.4}$$

$$k_y^i = k_y/M \tag{B.5}$$

依据像面坐标和像面波数,像面的最终方程表示为

$$T(x_i,y_i) = M^2\iint T(Mk_x^i,Mk_y^i)\,\mathrm{e}^{\mathrm{j}(k_x^i x_i+k_y^i y_i)}\,\mathrm{d}k_x^i\mathrm{d}k_y^i \tag{B.6}$$

依据球面坐标,波数表示为

$$\begin{cases} k_x = k\sin\theta\cos\phi \\ k_y = k\sin\theta\sin\phi \end{cases} \tag{B.7}$$

其中,$\phi = 0$ 时,物面和像面波数的坐标变换如下:

$$k^i\sin\theta^i = k\sin\theta/M \tag{B.8}$$

式(B.8)即为阿贝正弦条件,反映了傅里叶变换对的海森堡不确定性原理。也就是说,当任意函数的空间范围被扩展时(放大因子 M),光谱范围以相同的因子收缩,因此空间–频率的乘积仍然不变。

B.2 定量相位显微术

QPm 软件(IATIA)采用传统的亮视场透射或反射光学显微镜,无需附加光学组件[207]。通过使用在 3 个不同显微镜物面上由 CCD 相机获取的 3 幅物像,QPm 可计算出物体的相位信息。这通过移动物体和顺序拍照来实现。

QPm 所采用的算法基于强度传递函数的数值解[207-209]。从研究物体的 3 个不同像面中减去普通亮视场图片，以实现相位信息的重构。

与光传播方向正交的 x 和 y 两个平面上可分离的傅里叶波动方程的数值解如下：

$$
\begin{cases}
k\dfrac{\partial I(\boldsymbol{r}_\perp)}{\partial z} = -\nabla_\perp \cdot \left[I(\boldsymbol{r}_\perp)\,\nabla_\perp \boldsymbol{\Phi}(\boldsymbol{r}_\perp) \right] & \text{(B.9a)} \\[2mm]
\boldsymbol{\Phi}(x,y) = \boldsymbol{\Phi}_x(x,y) + \boldsymbol{\Phi}_y(x,y) & \text{(B.9b)} \\[2mm]
\boldsymbol{\Phi}_x = F^{-1}k_x k_r^{-2} F I^{-1} F^{-1} k_x k_r^{-2} F\left[k\dfrac{\partial I}{\partial z} \right] & \text{(B.9c)} \\[2mm]
\boldsymbol{\Phi}_y = F^{-1}k_y k_r^{-2} F I^{-1} F^{-1} k_y k_r^{-2} F\left[k\dfrac{\partial I}{\partial z} \right] & \text{(B.9d)}
\end{cases}
$$

式中：$\Phi(x,y)$ 为重构相位；I 为强度分布；k 为平均波数 $2\pi/\lambda$，λ 为波长；r 为光束传输坐标（正交于光轴）；F 为傅里叶变换；F^{-1} 为 F 傅里叶逆变换；k_x，k_y 为像坐标 x 和 y 的共轭傅里叶变量，且 $k_r^2 = k_x^2 + k_y^2$。

为了得到 k_x 和 k_y 的定量值，式（B.9c）和式（B.9d）重新表示[209]为

$$
\begin{cases}
\Lambda = -\dfrac{2\pi}{\lambda\Delta z}\dfrac{1}{(N\Delta x)^2} \\[3mm]
\Phi_x = \Lambda F^{-1}\dfrac{i}{i^2+j^2}F\dfrac{1}{I(x,y)}F^{-1}\dfrac{i}{i^2+j^2}F[I_+ - I_-] \\[3mm]
\Phi_y = \Lambda F^{-1}\dfrac{j}{i^2+j^2}F\dfrac{1}{I(x,y)}F^{-1}\dfrac{j}{i^2+j^2}F[I_+ - I_-]
\end{cases}
\quad \text{(B.10)}
$$

式中：$\Delta k = 1/\Delta x$ 为 $i,j \in [-N/2,N/2]$ 的傅里叶增量。对于 FFT，像素尺寸 Δx 的一个尺寸 $N\times N(N=2^n)$ 的二次图像是需要的。i 和 j 是 x 和 y 的共轭变量。为了考虑如噪声或球面像差的干扰，需采用不同的滤波函数。

已知位移 Δz、中心波长 λ、强度信息 I_0, I_+, I_- 和图像尺寸，能够计算出定量相位。相位信息与空间分辨力紧密相关；为得到最大空间分辨力[207]，位移 Δz 需在景深内选择。并不严格采用科勒照明。关闭光圈增加景深和对比度，但是降低了适用的物镜数值孔径。检测的相位本身的空间分辨力与物镜数值孔径、聚光镜的数值孔径、曝光时间和 CCD 增益水平有关。大空间分辨力导致相位的小分辨力。小位移 Δz 引起强度分布的微细差别。根据 Shannon 采样定理，为了获得最大的空间分辨力，每个相位点应该由 CCD 相机的 3 像素×3 像素检测。同位位移 Δz 和放大率的关系表在文献[207]中给出。噪声劣化强度信息，需要被降低。例如：利用制冷 CCD 相机；照射 CCD 相机超过饱和强度的 60%；减少曝光时间，并使 CCD 增益最小化。

定量相位计算后，能够推演出不同的相位显微方法，如暗场、微分干涉、霍夫曼调制和泽尼克相衬。

附录 C 等离子体参数

C. 1 输运系数

为了描述等离子体的动力学特性,推导出了等离子体的特征参数,称为输运系数。

C. 1. 1 电导率

利用欧姆定律,并使用 Drude 模型估算等离子体气体的电导率为

$$j_e = - n_e e \boldsymbol{v}_e \sigma_E \boldsymbol{E} \tag{C. 1}$$

式中:$\boldsymbol{v}_e$ 为电子速度;j_e 为电流;n_e 为电子密度;σ_E 为电导率。

假设电子和离子碰撞的平均时间是弛豫时间,$\tau = v_{ei}$,速度为

$$\boldsymbol{v}_e = \frac{e\boldsymbol{E}\tau}{m_e} \tag{C. 2}$$

是牛顿定律的结果 $\dot{\boldsymbol{v}}_e = - e\boldsymbol{E}/m_e$。将式(C. 2)替换式(C. 1)中的速度,则电导率为

$$\sigma_E = \frac{n_e e^2}{m_e v_{ei}} \tag{C. 3}$$

式(C. 3)对于铜的可靠解为 $\sigma_E^{Cu} = 5.5 \times 10^{17} s^{-1}$。假设由宇宙辐射所产生热电子的一个电子密度 $n_e \approx 3 \times 10^{-7} cm^{-3}$,可得到空气的电导率 $\sigma_E^{air} \approx 3 \times 10^{-9} s^{-1}$[91]。

C. 1. 2 热导率

激光产生的等离子体从一个不具备空间均匀的温度场分布,经热扩散,等离子体温度趋于平衡。经过单位时间单位面积的热流定义为

$$q_H = - k \nabla T \tag{C. 4}$$

式中:k 为热导率,可从一个简单模型推导出:温度 T 是 x 的函数,离子具有平均能量 $\varepsilon(x)$,密度为 n 和速度为 v。经 y-z 平面的粒子流总计为 $\frac{1}{6}nv$,热流定义为

$$q_H = \frac{1}{6}(nv)[\varepsilon(x - l) - \varepsilon(x + l)] \approx - \frac{1}{3}nvl\frac{\partial \varepsilon}{\partial x} = - \frac{1}{3}nvl\frac{\partial \varepsilon}{\partial T}\frac{\partial T}{\partial x} \tag{C. 5}$$

式中:l 为平均自由程,式(3. 105)。

定容热容 c_V 定义为能量与温度求导,因此热流为

$$q_{\mathrm{H}} = -\frac{1}{3}nlc_V\frac{\partial T}{\partial x} \tag{C.6}$$

与式(C.4)相比,假设速度为热速度 $v = v_T$,热导率为

$$k = \frac{1}{3}nc_V lv_T = \frac{n_e c_V v_T^2}{3v_{\mathrm{ei}}} \propto T^{5/2} \tag{C.7}$$

第二个等式根据式(3.106)得出。假设电子输运能量 $v_{\mathrm{ei}} \approx T_{\mathrm{e}}^{3/2}$, $v_T^2 \approx T_{\mathrm{e}}$,且恒定热容 c_V。

Wiedemann-Franz 定律表示了电导率 k 和热导率 σ_{E} 的关系:

$$\frac{k}{\sigma_{\mathrm{E}}} = \frac{3}{2}\left(\frac{k_{\mathrm{B}}}{e}\right)^2 T \tag{C.8}$$

其中,理想气体的状态方程 $c_V = \frac{3}{2}k_{\mathrm{B}}$。

C.1.3 电子的扩散系数

密度为 n_{e} 的均匀分布等离子体中的电子在受到密度扰动后,将开始运动以达到等离子体重新平衡。这些动力学特性利用扩散方程表示为

$$\frac{\partial n_{\mathrm{e}}}{\partial t} = \nabla \cdot (D\,\nabla n_{\mathrm{e}}) \tag{C.9}$$

式中:D 为扩散系数,由粒子电流密度所定义,即

$$\boldsymbol{j}_n = n\boldsymbol{v} = -D\nabla n \tag{C.10}$$

与热导率(见 C.12)方法相似,能够得到扩散系数为

$$D = \frac{1}{3}v_T l \propto \frac{T_{\mathrm{e}}^{5/2}}{n_{\mathrm{e}}} \tag{C.11}$$

为了得到垂直磁场 $D_\perp$ 方向上一个磁场中的扩散系数,需将欧姆定律进行推广:

$$\boldsymbol{j} = \sigma_{\mathrm{E}}\left(E + \frac{\boldsymbol{v} \times \boldsymbol{B}}{c}\right) \tag{C.12}$$

经典扩散 $D_\perp$ 定义为

$$D_\perp = \frac{c^2 n k_{\mathrm{B}} T}{\sigma_{\mathrm{E}} B^2} \tag{C.13}$$

但不能很好地表示实验。给出的半经验公式,称为 Bohm 扩散[91]表达如下:

$$D_\perp = \frac{c k_{\mathrm{B}} T_{\mathrm{e}}}{16eB} = D_{\mathrm{B}} \tag{C.14}$$

C.1.4 黏度

当邻近流体单元以不同速度变换动量流动时,黏度增大。压力张量为

$$P_{ij} = P\delta_{ij} + \rho v_i v_j - \eta\left(\frac{\partial v_i}{\partial x_j} + \frac{\partial v_j}{\partial x_i} - \frac{2}{3}\sum_{k=1}^{3}\frac{\partial v_k}{\partial x_k}\delta_{ij}\right) - \zeta\sum_{k=1}^{3}\frac{\partial v_k}{\partial x_k}\delta_{ij} \qquad (\text{C.15})$$

式中：η,ζ 为黏度系数。对于普通流体，利用 Navier-Stokes 方程表示等离子体流[210]：

$$\frac{\partial(\rho v_i)}{\partial t} = -\sum_{k=1}^{3}\frac{\partial P_{ik}}{\partial x_k} \qquad (\text{C.16})$$

在标量压力 $P = P(\rho,T)$ 和等离子体密度 ρ 的情况下，假设具有不可压缩性，如流体，速度散度 $\nabla\cdot\boldsymbol{v} = 0$ 消失，式（C.15）中含有系数 ζ 的项也消失。在许多等离子体中，黏度是第二重要的。作为 z 方向 $\boldsymbol{v} = (0,0,v_z)$ 等离子体流的一次近似，产生的压力为

$$P_{xz} = -\left(\frac{1}{3}nmv_{\text{T}}l\right)\frac{\partial v_z}{\partial x} \equiv -\eta\frac{\partial v_z}{\partial x} \qquad (\text{C.17})$$

式中：m 为质量；l 为自由程；n 为密度；v_{T} 为平均速度。

C.2 德拜长度

在等离子体中，正粒子和负粒子，如离子和电子，趋于屏蔽单个粒子的库伦范围内。屏蔽范围定义为德拜长度 λ_{De}。

离子电荷为 Z_e，并且被电子包围的等离子体是中性的，其温度为 T_e（离子温度设定为 $T_i = 0$）。电子运动的流体方程为

$$n_e e\boldsymbol{E} + \nabla P_e = 0 \qquad (\text{C.18})$$

式中：$\boldsymbol{E}$ 为电场；P_e 为电压，假设理想气体 $P_e = n_e k_B T_e$。

当静电势由电场 $\boldsymbol{E} = -\nabla\phi$ 定义，式（C.18）可整理为

$$n_e e\nabla\phi = k_B T_e\nabla n_e \qquad (\text{C.19})$$

其解为电子密度分布，初始密度为 n_{e0}，得

$$n_e = n_{e0}\exp\left(\frac{e\phi}{k_B T_e}\right) \qquad (\text{C.20})$$

由泊松方程得出静电势为

$$\Delta\phi = -4\pi Z_e\delta(\boldsymbol{r}) + 4\pi e(n_e - n_{e0}) \qquad (\text{C.21})$$

将式（C.20）带入泊松方程式（C.21），扩展指数方程 $e\phi/(k_B T_e)\ll 1$，得到微分方程为

$$(\Delta - \lambda_{\text{De}}^{-2})\phi + 4\pi Z_e\delta(\boldsymbol{r}) = 0 \qquad (\text{C.22})$$

其中，电子德拜长度为

$$\lambda_{\text{De}} = \left(\frac{k_B T_e}{4\pi e^2 n_{e0}}\right)^{1/2} \qquad (\text{C.23})$$

142

利用式（C.22）的解,可得到库仑相互作用有限范围的屏蔽效应

$$\phi = \frac{Z_e}{r} \exp\left(-\frac{r}{\lambda_{De}}\right) \qquad (C.24)$$

故德拜球,其外部电荷被屏蔽,定义的电子数量 N_{De} 为

$$N_{De} = \frac{4}{3}\pi n_e \lambda_{De}^3 \qquad (C.25)$$

也称为等离子体参数,在半径为 λ_{De} 的球内。

一个真实等离子体具有非零的离子温度,因此离子德拜屏蔽也需考虑。与电子相似,离子密度通过将式（C.20）中 n_e 和 n_{e0} 变为 n_i 和 n_{i0} 而计算得到,当电荷 Z_e 和温度 T_i 时,有

$$n_i = n_{i0} \exp\left(\frac{Z_e\phi}{k_B T_i}\right) \qquad (C.26)$$

广义泊松方程为

$$(\Delta - \lambda_{De}^{-2} - \lambda_{Di}^{-2})\phi + 4\pi Z_e \delta(r) = 0 \qquad (C.27)$$

式中包含指数方程式（C.26）对于 $Z_e\phi/(k_B T_e) \ll 1$ 的扩展。

离子德拜长度为

$$\lambda_{Di} = \left(\frac{k_B T_i}{4\pi e^2 n_{i0}}\right)^{1/2} \qquad (C.28)$$

泊松方程式（C.27）的解为

$$\phi = \frac{Z_e}{r} \exp\left(-\frac{r}{\lambda_D}\right) \qquad (C.29)$$

其中德拜长度为

$$\frac{1}{\lambda_D^2} = \frac{1}{\lambda_{De}^2} + \frac{1}{\lambda_{Di}^2} \qquad (C.30)$$

C.3 等离子体碰撞和等离子体波

引入电荷守恒方程:

$$\nabla \cdot j_e + \frac{\partial \rho_e}{\partial t} = 0 \qquad (C.31)$$

通过对时间求导和采用麦克斯韦方程 $\nabla \cdot E = 4\pi\rho_e$,欧姆定律方程式（C.1）并且假设含惰性离子的冷等离子体,可得

$$\frac{\partial^2 \rho_e}{\partial t^2} + \omega_{pe}^2 \rho_e = 0 \qquad (C.32)$$

根据式（C.2）,等离子体频率为

$$\omega_{\mathrm{pe}}^2 = \left(\frac{4\pi e^2 n_e}{m_e} \right) \tag{C.33}$$

此方程式表达了为保留或恢复电子中性的等离子体碰撞机理,但是不表示波动特性。流体动力学方程描述了质量守恒方程:

$$\frac{\partial n_e}{\partial t} + \nabla \cdot (n_e \boldsymbol{v}_e) = 0 \tag{C.34}$$

动量守恒方程为

$$m_e n_e \left[\frac{\partial \boldsymbol{v}_e}{\partial t} + (\boldsymbol{v}_e \cdot \nabla) \boldsymbol{v}_e \right] = - e n_e \boldsymbol{E} - \nabla P_e \tag{C.35}$$

等离子体压力 P 和温度 T 的关系,称为状态方程,表示为

$$P_e = n_e k_B T_e \tag{C.36}$$

对于一个等熵等离子体,也就是熵恒定,如理想气体可设定

$$P_e = C n_e^{\gamma} \tag{C.37}$$

式中:γ 为绝热指数。由恒定压力和恒定体积下的比热容定义:

$$\gamma = \frac{c_p}{c_V} \tag{C.38}$$

采用式(C.36)和式(C.37),得

$$\nabla P_e = P_E \gamma \left(\frac{\nabla n_e}{n_e} \right) = \gamma k_B T_e \nabla n_e \tag{C.39}$$

将麦克斯韦方程 $\nabla \cdot \boldsymbol{E} = 4\pi e(n_i - n_e)$ 和式(C.34)~式(C.36)和式(C.39)结合,得到了一组非线性方程,它们不能进行解析求解。利用线性化假设:

$$n_e = n_{e0} + n_{e1}, \boldsymbol{v}_e = \boldsymbol{v}_{e0} + \boldsymbol{v}_{e1}, \boldsymbol{E} = \boldsymbol{E}_0 + \boldsymbol{E}_1 \tag{C.40}$$

式中:碰撞振幅用下标"1"表示,平衡条件为

$$\begin{cases} n_{e0} = n_i = 常数 \\ \boldsymbol{v}_{e0} = 0 \\ \boldsymbol{E}_0 = 0 \\ \frac{\partial}{\partial t} \{ n_{e0}, \boldsymbol{v}_{e0}, \boldsymbol{E}_0 \} = 0 \end{cases} \tag{C.41}$$

当 $(n_{e1}/n_{e0})^2 \ll (n_{e1}/n_{e0})$,$(\boldsymbol{v}_{e1} \cdot \nabla) \boldsymbol{v}_{e1} \ll \partial v_{e1}/\partial t$ 时,对方程式(C.41)简化。得到下面的方程:

144

$$\begin{cases} \dfrac{\partial n_{e1}}{\partial t} + n_{e0}\,\nabla\cdot\boldsymbol{v}_{e1} = 0 \\[2mm] m_e\,\dfrac{\partial \boldsymbol{v}_{e1}}{\partial t} = -e\boldsymbol{E}_1 - \gamma k_B T_e\nabla n_{e1} \\[2mm] \nabla\cdot\boldsymbol{E}_1 = -4\pi e n_{e1} \end{cases} \tag{C.42}$$

如文献[91]所示,假设一个一维问题,采用频率 ω、波数 $k = 2\pi/\lambda$ 和波长 λ 的单色波,得到一组代数方程,其中包含电子等离子体波色散的整体解,称为等离子体激元:

$$\omega^2 = \omega_p^2 + 3k^2 v_{th}^2 \tag{C.43}$$

采用一维热速度:

$$v_{th} = \sqrt{\frac{k_B T_e}{m_e}} \tag{C.44}$$

将相位速度 $v_\phi = \omega/k$ 和群速度 $v_g = d\omega/dk$ 带入扩散关系式(C.43),得

$$v_g v_\phi = 6v_{th}^2 \tag{C.45}$$

等离子体波可以通过横波或纵波传播,最终表现为,如等离子体激元。在等离子体状态发生巨大干扰下,扰动增大,等离子体变得不稳定,而小扰动则呈指数衰减。

C.4 电子和离子的耦合

临界面和烧蚀面(图3.9)可以与等离子体剧烈耦合。与粒子的热能相比,理想等离子体(如电晕)的库仑相互作用较弱,则

$$\Gamma = \frac{E_{Ci}}{E_{Ti}} \Rightarrow \Gamma > 1 \text{,强耦合} \tag{C.46}$$

$$\Gamma = \frac{E_{Ci}}{E_{Ti}} \Rightarrow \Gamma < 1 \text{,理想等离子体的弱耦合} \tag{C.47}$$

根据库仑相互作用能 E_{Ci} 和热相互作用能 E_{Ti},定义了耦合参数。每个粒子球由如下半径定义:

$$a_k = \left(\frac{3}{4\pi n_k}\right)^{1/3} \text{, } k = e \text{ 或 } i \tag{C.48}$$

粒子间、电子间和电子离子间的强耦合参数 Γ_{ii}、Γ_{ee} 和 Γ_{ei} 分别定义为

$$\varGamma_{ii} = \frac{Z^2 e^2}{a_i k_B T_i}, \varGamma_{ee} = \frac{e^2}{a_e k_B T_e}, \ \varGamma_{ei} = \frac{Z e^2}{a_e k_B T_e} \qquad (\text{C.49})$$

在被大量理想等离子体粒子屏蔽的情况下，许多粒子在德拜球内，见式（C.25）。可利用麦克斯韦方程表示电子能量分布。在强耦合等离子体中电子简并，能量分布由费米-狄拉克分布来表示。

C.5 流体力学不稳定性

当高功率激光辐射与一个薄金属箔片相互作用时，等离子体产生加速作用过程。当重力场中轻流支撑着重流时，会发生瑞利-泰勒（RT）不稳定性，而当轻流驱动并对重流加速时，也会发生 RT 不稳定性。在激光诱导等离子体情况下，低密度介质是等离子体，其加速了重密度的金属箔，或者在熔化和蒸发的情况下与熔体和瞬态状态共存。这些不稳定性在超高强度 $I > 10^{15}$ W·cm^{-2} 时被发现，如在 ICF 实验中。

另一类发生在激光和物质相互作用中的流体不稳定性，是里克特迈耶-梅什科夫和开尔文-亥姆霍兹不稳定性：

（1）里克特迈耶-梅什科夫（RM）不稳定性发生在当冲击波以不同密度经过两流体间的波纹界面时，可认为是瑞利-泰勒不稳定性的脉冲加速极限。不稳定性的发展开始于小振幅扰动，最初随时间线性增长。随后是一个非线性区域，在轻流渗透入重流时出现气泡，在重流渗透入轻流时出现尖峰。最终达到混乱状态，两种流体混合。

（2）开尔文-亥姆霍兹（KH）不稳定性描述了由于界面流速不同而接触的两种流体的动力学，如风吹过水面产生水波。该理论可用于预测不同密度流体在不同速度下运动时失稳的开始和向湍流的转变。对于短波长，如果可以忽略表面张力，两种速度和密度不同的流体平行运动会产生一个界面，对所有速度都是不稳定的。

然而，表面张力的存在稳定了短波的不稳定性，并且 KH 不稳定性随后预测出稳定性，直到达到速度阈值。对于一个连续变化的密度和速度分布（较轻层在上面，因此液体是 RT-稳定的），KH 不稳定性的开始由一个适当定义的理查森（Richardson）数 Ri 表示。无量纲的 Richardson 数表示了势能和动能的比值：

$$\text{Ri} = \frac{gh}{u^2} \qquad (\text{C.50})$$

式中：g 为重力加速度；h 为垂直长度范围；u 为速度。

典型情况下，$Ri < 0.25$ 时不稳定。同时，此不稳定性的研究已应用在了惯性约束聚变（ICF）中。

附录 D　装置

不同的研究中心和激光装置正在研发这种激光光源,如劳伦斯·利弗莫尔国家实验室(LLNL)(图2.7)。这个装置采用了高强度激光辐射,用于下面的情况:

(1) 在变化等离子体条件下的激光和等离子体相互作用。

(2) 惯性约束聚变(ICF)等离子体。

(3) 稳定电子密度波动的汤姆逊散射(TS)。

(4) 康普顿X射线产生,基于激光产生等离子体和小毛细管放电的碰撞X射线激光。

在英国卢瑟福·阿普尔顿实验室的中央激光装置中,一种称为VULCAN的高强度激光被用于下面情况:

(1) 300MeV电子产生的电子加速[211]。

(2) 850次谐波产生[212]。

(3) 由两束激光产生的等离子体中的磁重联[213]。

(4) 激光驱动内爆的质子放射摄影[214]。

(5) 测量强度 5×10^{20} W/cm^2 [215] 下固态密度激光等离子体相互作用中的能量传输模式。

(6) 激光尾流场光子加速[216]①。

还有在法国巴黎综合理工学院(L'Ecole Polytechnique of Paris)的Laboratoire pour L'Utilisation des Lasers Intenses(LULI),利用高能量超快激光辐射进行了激光辐射与等离子体的相互作用、激光产生等离子体的流体动力学、高压下状态方程的研究、高温稠密等离子体的原子物理学的研究。

在日本大阪大学的激光工程研究所(ILE),GEKKO XII用来研究反应堆堆芯等离子体物理,包括宏观尺寸上[217]的超高密度内爆、等离子体加热和"超高能量密度态"。

自由电子激光器(FEL)是"外来激光器"系统,并处于一个特殊地位。这是因为"激光"媒介不是固体或气体,而是一个振荡的自由电子束。放大过程称为SASE②。一个FEL发出的辐射具有宽光谱范围内的大脉冲能量和高重复频率。与固态和光纤激光器不同,目前FEL是占据很大空间的庞大系统,有1000m^{2}体育馆的大小。这为它提供了可调谐激光器类型的最宽频率范围,且许多具有宽的可调谐性,目前波长范围从微波,经太赫兹辐射和红外,到可见光光谱,到紫外,再到

---

① http://www.clf.rl.ac.uk/highlights/HPLS.htm.

② Self-Amplified Stimulated Emission 自放大受激辐射。

软 X 射线。事实上,全世界建成并正开展实验的约有 30 个 FEL①。要建立一个 FEL,电子束(种子)需加速到相对论速度。电子束通常利用紫外超快激光辐射的光电效应而产生。光束经过周期性横向的磁场,此磁场由设置沿光束行进方向具有交替变换电极的磁体生成。磁体阵列称为波荡器,或"摇摆体",因为它驱使电子跟随正弦型的路径行进。沿此路径电子的加速导致了韧致辐射。由于辐射光子与电子束和磁场强度有关,FEL 能够频率调谐。在杰斐逊实验室 FEL,例如,已安装了一个亚皮秒从 250nm ~ 14μm 的可调光源,重复频率达 75MHz,脉冲能量达 300μJ。此时,FEL 发射的光辐射在红外范围,平均功率为 10kW(图 D.1(a))。一种别具特色的与 FEL 相似的装置是 X 射线 FEL。在极紫外和 X 射线范围缺少合适的反射镜,使振荡器无法工作。因此,为了使自由电子激光有价值,例如,必须在电子束经波荡器的单程中进行适当的放大(图 D.1(b))。当场经单程从电子中获得足够的能量,使场振幅在 FEL 过程中不能保持恒定时,FEL 工作在高增益范围。

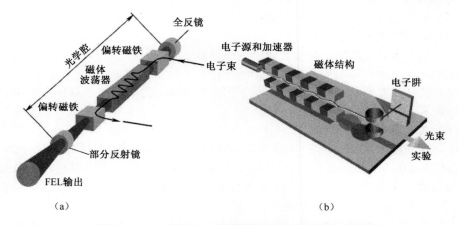

图 D.1 (a)红外 FEL 原理图和(b)X 射线 FEL 原理图

太赫兹、红外和极紫外的 FEL 对于前沿物理技术,例如,振荡光子回波光谱、材料和器件物理、纳米结构和纳米晶体、(生物)分子、富勒烯、集群和复合物,都是必不可少的。FEL 应用更详细的介绍已在文献[218]中给出。

---

① http://sbfel3.ucsb.edu/www/fel_table.html.

附录 E　缩略语和符号

E.1　缩略语

AFM	atomic force microscopy 原子力显微镜
AOPDF	acousto-optic programmable dispersive Filter 可编程声光色散滤波器
BPP	beam parameter product 光束参数乘积
CCD	charged coupled device 电荷耦合器件
CPA	chirped pulse amplification 啁啾脉冲放大器
CPU	central processing unit 中央处理单元
DNA	desoxy ribonuclein acid 脱氧核糖核酸
DRO	digital read-out 数字读出
EUV	extreme ultra-violet radiation 极紫外辐射
FEL	free-electron laser 自由电子激光器
FROG	frequency-resolved optical gating 频率分辨光学开关
GRENOUILLE	grating-eliminated no-nonsense observation of Ultra-fast incident laser light e-fields 单发频率分辨光学开关
GVD	group velocity dispersion 群速度色散
iCCD	intensified CCD 增强电荷耦合器件
ICF	inertial confinement fusion 惯性约束聚变
ILE	institute for laser engineering 激光工程研究所
LED	light emitting diode 发光二极管
LLNL	Lawrence Livemore National Laboratory 劳伦斯·利弗莫尔国家实验室
LTE	local thermal equilibrium 局部热力学平衡
LULI	Laboratoire pour l'Utilisation des Lasers Intenses 激光强化实验室
MD	molecular dynamic calculation 分子动力学计算
MEMS	micro-electro-mechanical systems 微机电系统
MOPA	master oscillator power amplifier 主振荡功率放大器
NBOHC	non-bridging oxygen hole centers 非桥键氧空穴中心
NIR	near infrared radiation 近红外辐射
OPA	optical parametric amplification 光学参量放大

OPCPA	optical parametric chirped-pulse amplification 光学参量脉冲啁啾放大	
PBP	pulse duration bandwidth product 脉冲宽度带宽乘积	
PSF	point spread function 点扩散函数	
QEOS	quotidian equation of state 全局物态方程	
SASE	self-amplified stimulated emission 自放大受激发射	
SEM	scanning electron microscopy 扫描电子显微镜	
SHG	second harmonic generation 二次谐波产生	
SNOM	scanning nearfield optical microscopy 扫描近场光学显微镜	
SPIDER	spectral phase interferometry for direct electric field reconstruction 光谱相位相干直接电场重构法	
STE	self trapped excitons 自陷激子	
STM	scanning tunnel microscopy 扫描隧道显微镜	
TAS	transient absorption spectroscopy 瞬态吸收光谱	
THz	teraherz radiation 太赫兹辐射	
TOD	third order dispersion 三阶色散	
TQPm	transient quantitative phase microscopy 瞬态定量相位显微	
TS	thomson scattering 汤姆逊散射	
TTM	two-temperature model 双温模型	
ULWD	ultra-long working distance 超长工作距离	
VIS	visible radiation 可见光辐射	
WLC	white-light continuum 白光连续谱	
X	roentgen radiation X 射线辐射	

E.2 符号

α	absorption coefficient 吸收系数
α_{eff}	effective optical penetration depth 有效光穿透深度
α_{a}	avalanche ionization coefficient 雪崩电离系数
b	chirp 啁啾
F^{-1}	focal plane 焦面
v	visibility of fringes 条纹可见度
χ	dielectric susceptibility tensor 电介质极化率张量
$\chi^{(i)}$	non-linear susceptibility of i th order 第 i 阶非线性极化率
δ	skin depth 趋肤深度
$\Delta\omega_{\text{A}}$	absorption bandwidth 吸收带宽

$\Delta\omega_{\pm}^{\mathrm{SPM}}$	relative broadening of the white light continuum 连续白光的相对展宽	
$\Delta\omega_p$	bandwidth of radiation 辐射带宽	
$\delta\Phi$	summarized phase change 总相位变化	
ΔE	energy difference 能量差	
Δn	refractive index n is changed 折射率 n 的变化	
Δn_{kerr}	refractive index change induced by the Kerr effect 克尔效应引发的折射率变化	
Δt	time difference 时间差	
Δt	temporal delay 时间延迟	
ΔV	volume in the interaction area 相互作用区的体积	
Δx	spatial resolution 空间分辨力	
ε	kinetic energy of the electrons 电子动能	
η	impedance 阻抗	
η	conversion efficiency 转换效率	
$\dfrac{\mathrm{d}\sigma_{\mathrm{ei}}}{\mathrm{d}\Omega}$	differential scattering cross section 微分散射截面	
γ	electron–phonon coupling constant 电子–声子耦合常数	
γ	adiabatic exponent 绝热指数	
Γ	optical retardation 光延迟	
$\Gamma_{11}(\tau)$	temporal coherence 时间相干性	
$\Gamma_{12}(\tau)$	spatial coherence 空间相干性	
$\gamma_{12}(\tau)$	complex degree of coherence 相干复合度	
γ_{e}	avalanche ionization coefficient 雪崩电离系数	
γ_{s}	surface tension 表面张力	
$\hbar$	$h/2\pi$	
κ	electron heat conductivity 电子热导率	
κ	heat conductivity 热导率	
κ_v	opacity 不透明度	
κ_{ib}	spatial damping rate of optical energy by inverse Bremsstrahlung 逆轫致辐射的光能空间阻尼率	
λ	wavelength 波长	
Λ	collision corridor 碰撞通路	
λ_{cc}	cross–correlation wavelength 互相关波长	
λ_{De}	electron Debye length 电子德拜长度	
λ_{Di}	ion Debye length 离子德拜长度	
Δ	speckle pattern translation 散斑图形变换	

$\boldsymbol{E}$	electric field vector 电场矢量
$\boldsymbol{P}$	polarization vector 极化矢量
$\boldsymbol{P}^{\mathrm{L}}$	linear polarization vector 线性极化矢量
$\boldsymbol{P}^{\mathrm{NL}}$	non-linear polarization vector 非线性极化矢量
K	elliptical integrals of first and second order 一阶和二阶椭圆方程积分
μ_0	susceptibility factor 敏感因子
μ_{a}	absorption coefficient 吸收系数
v_{ab}	collision frequency 碰撞频率
v_{ei}	electron-ion collision frequency 电子-离子碰撞频率
ω	frequency 频率
$\omega_{\pm}^{\mathrm{SPM}}$	Stokes frequency 斯托克斯频率
$\omega_{\mathrm{pe}},\omega_{\mathrm{p}}$	electron plasma frequency 电子等离子体频率
ω_{pi}	ion plasma frequency 离子等离子体频率
ω_l	carrier frequency 载波频率
ω_{L}	frequency of laser radiation 激光辐射频率
ϕ	instantaneous phase of the pulse 脉冲瞬时相位
Φ	optical phase 光学相位
Φ	screening effect 屏蔽效应
ρ_e	electron charge density 电荷密度
σ	collisional cross-section 碰撞截面
σ_{bb}	inter-band (band-band transition) absorption 带间(带与带的跃迁)吸收
σ_{coll}	cross-section for collisional absorption by inverse Bremsstrahlung 逆轫致辐射的碰撞吸收截面
σ_{D}	intra-band absorption (inverse Bremsstrahlung) 带内吸收(逆轫致辐射)
σ_{ei}	total cross section 总截面
σ_{sp}	dimensions of a speckle 散斑尺寸
σ_x^2,σ_y^2	variances of the intensity distribution 强度分布方差
σ_{E}	electrical conductivity 电导率
σ_k	k-photons absorption cross-section k-光子吸收截面
τ	delay time 延迟时间
τ_{abs}	absorption duration 吸收持续时间
$\tau_{\mathrm{e-p}}$	electron-phonon coupling time 电子-声子耦合时间
τ_{c}	effective electron-ion collision time 有效的电子-离子碰撞时间
τ_{i}	lattice heating time 晶格加热时间

τ_{M}	characteristic time scale for Marangoni flow	Marangoni 对流的特征时间尺度
τ_{P}	characteristic time scale for Pressure-driven flow	压力驱动对流的特征时间尺度
θ	divergence angle	发散角
θ'	aperture angle	孔径角
θ^{real}	divergence of technical radiation	实际辐射发散角
θ_0	entrance angle	入射角
θ_{s}	beam stability	光束稳定性
$\widetilde{\varepsilon}(\eta,\xi)$	electrical field in the retarded coordinates	延迟坐标下电场
$\widetilde{E}$	complex amplitude of the electrical field	电场复振幅
$\widetilde{P}$	complex amplitude of the polarization	极化复振幅
$\widetilde{P}^{\mathrm{L}}$	linear polarization in the frequency space	在频率空间的线性极化
ε	dielectric constant	介电常数
φ	phase	相位
j_{e}	electrical conductivity	电导率
j_n	current density	电流密度
f_{p}	ponderomotive force	有质动力
q_{H}	heat flux	热流
ξ,η	retarded spatial and temporal coordinates	延迟的空间和时间坐标
ζ	Guy phase	Guy 相位
ζ	plasma vacuum interface	等离子体真空交界面
a	chirp parameter	啁啾参数
A	absorption coefficient, absorptivity	吸收系数、吸收率
A_j	ion species	离子种类
b	confocal parameter	共焦参数
b	impact parameter	碰撞参数
c	speed of light	光速
C_{e}	electron heat capacities at constant volume	电子定容热容
C_{i}	ion heat capacities at constant volume	离子定压热容
c_T	speed of sound	声速
D	thermal diffusivity	热扩散率
D	diffusion coefficient	扩散系数
$\mathrm{d}F$	collision probability	碰撞概率

E	electrical field 电场	
f	focal length 焦距	
F	fluence 能量密度	
f	sweeping rate 扫描速率	
F	free energy 自由能	
F_{thr}	threshold fluence for ablation 烧蚀能量密度阈值	
F_{a}	particle flux 粒子流	
f_{p}	repetition rate 重复频率	
I	intensity 强度	
I_j	self-coherence 自相干	
J_{12}	mutual coherence 互相干	
j_{ie}	induced emission 诱导辐射	
j_{se}	spontaneous emission 自发辐射	
j_{a}	absorption and scattering 吸收和散射	
J_e	current 电流	
k	wave number 波数	
k_{B}	Boltzmann constant 玻耳兹曼常数	
k_l	carrier wave number 载波数	
k_l''	group velocity dispersion 群速度色散	
L	moment of inertia 转动惯量	
L	thickness of the optical element 光学元件的厚度	
l_{ca}	closest approach 最接近距离	
l_{a}	mean free path 平均自由程	
L_{c}	coherence length 相干长度	
M	propagation matrix 传输矩阵	
m	mass 质量	
M^2	beam quality 光束质量	
m_{eff}	effective electron mass 有效电子质量	
M_T	matrix for reflection at concave mirror 凹面镜反射矩阵	
N	multi photon factor 多光子因子	
n	refractive index 折射率	
n_{ec}	critical electron density 临界电子密度	
n_2	second-order nonlinear refractive index 二阶非线性折射率	
N_e	electron number 电子数	
n_e	electron density 电子密度	
$N_{\mathrm{e}}(\varepsilon,t)$	electron density distribution 电子密度分布	

154

n_R	refractive index of plasma 等离子体折射率	
NA	Numerical Aperture 数值孔径	
P_{c1}	threshold for self-focusing 自聚焦阈值	
P_{ij}	pressure tensor 压力张力	
P_a	recoil pressure 反冲压力	
P_C	electron pressure generated by "cold electrons" 冷电子产生的电子压力	
P_H	electron pressure generated by "hot electrons" 热电子产生的电子压力	
P_i	pressure generated by ions 离子产生的压力	
P_L	radiation pressure 辐射压力	
Q	Joule heating 焦耳热	
Q_j	partial function 部分函数	
R	wave front radius 波前半径	
r	shock front radius 冲击波前半径	
$R(\Omega)$	response function of the WLC-interaction region 连续白光作用区的响应函数	
$r(T_h)$	ratio of the energies S_1 and S_2 能量 S_1 和 S_2 的比	
r_0	radius of the lens aperture 透镜孔径半径	
R_1, R_2	radii of curvature of the lens surfaces 透镜表面曲率半径	
Ri	Richardson number Richardson 数	
S	sources and drains of electrons 电子输入和输出	
s_x, s_y	space frequency components 空间频率分量	
T	temperature 温度	
T	transmittance 透过率	
t_{event}	duration of the event 事件持续时间	
t_{WLC}^{cc}	pulse duration of chirped WLC 啁啾连续白光的脉冲宽度	
T_e	electron temperature 电子温度	
T_e^C	cold electron temperature 冷电子温度	
T_e^H	hot electron temperature 热电子温度	
T_i	ion temperature 离子温度	
t_p	pulse duration 脉冲宽度	
U	energy transfer rate from electrons to ions 从电子到离子的能量转换率	
$U(P)$	electric field in P 在 P 处电场	
v	velocity 速度	

$v(t)$	scan velocity	扫描速度
v_{eff}	effective electron velocity	有效电子速度
v_{Te}	thermal electron energy	热电子能量
v_{E}	electron velocity	电子速度
V_{F}	focal volume	聚焦体积
v_{g}	group velocity	全速度
v_{p}	phase velocity	相速度
w	beam radius	光束半径
$w(E, T_{\text{h}})$	spectral energy density	光谱能量密度
w, Y	resolving power	分辨能力
w_{PD}	energy of the X-rays	X 射线能量
$w_{x,0}$	focal beam radius of technical radiation	实际辐射的聚焦光束半径
w_0	focus beam radius	焦点光束半径
w_{L}	beam radius in front of a lens	透镜前光束半径
w_x	beam radius of technical radiation	实际辐射的光束半径
$Z_{\text{R},x}$	Rayleigh length of technical radiation	实际辐射的瑞利长度
z_{R}	Rayleigh length	瑞利长度

参考文献

[1] Hänsch, T. W. (2005) Nobel lecture: Passion for precision. *Reviews of Modern Physics*, **78**, 1297–1309.

[2] Weck, A. , Crawford, T. H. R. , Wilkinson, D. S. , Haugen, H. K. , and Preston, J. S. (2007) Laser drilling of high aspect ratio holes in copper with femtosecond, picosecond and nanosecond pulses. *Applied Physics A*, **90**(3), 537–543.

[3] Fermann, M. E. , Galvanauskas, A. , and Sucha, G. (2003) *Ultrafast Lasers: Technology and Applications*, Marcel Decker Inc. , New York.

[4] Wheatstone, C (1879) *The Scientific Papers of Sir Charles Wheatstone*, Published by the Physical Society of London, Taylor and Francis.

[5] Krehl, P. and Engemann, S. (1995) August Toepler – The first who visualized shock waves. *Shock Waves*, **5**(1), 1–18.

[6] Lawrence, E. O. and Dunnington, F. G. (1930) On the early stages of electric sparks. *Physical Review*, **35**(4), 396–407.

[7] Freed, S. (1934) On the velocity of light. *Physical Review*, **46**(11), 1025.

[8] Edgerton, H. E. (1979) *Electronic Flash, Strobe*, MIT Press.

[9] Edgerton, H. E. and Killian, J. R. (1939) *Flash!: Seeing the Unseen by Ultra Highspeed Photography*, Hale, Cushman & Flint.

[10] Edgerton, H. E. (1949) Electric system, including a vaporelectric discharge device, US Patent 2,478,902, 16 August 1949.

[11] Elkins, J. (2004) Harold Edgerton's rapatronic photographs of atomic tests. *History of photography*, **28**(1), 74–81.

[12] Moynihan, M. F. (2000) The scientific community and intelligence collection. *Physics Today*, **53**(12), 51–56.

[13] Davidhazy, A. (1963) Making a streak camera. *Photo Methods for Industry (PMI) magazine*.

[14] Wolfman, A. *PMI, Photo Methods for Industry*, Gellert Pub. Corp, 1958–1974.

[15] Maiman, T. H. (1960) Stimulated optical radiation in ruby. *Nature*, **187**, 493–494.

[16] Schäfer, F. P. and Drexhage, K. H. (1990) *Dye Lasers*, Springer Verlag.

[17] Schmidt, W. and Schäfer, F. P. (1968) Selfmode-locking of dye-lasers with saturated absorbers. *Physics Letters A*, **26**(11), 558–559.

[18] Shank, C. V. , Ippen, E. P. , and Bersohn, R. (1976) Time-resolved spectroscopy of hemo-globin and its complexes with subpicosecond optical pulses. *Science*, **193**(4247), 50.

[19] Bartana, A. , Korsloff, R. , and Tannor, D. J. (1993) Laser cooling ofmolecular internal degrees of freedom by a series of shaped pulses. *The Journal of Chemical Physics*, **99**(1), 196–210.

[20] Tannor, D. and Bartana, A. (1999) On the interplay of control fields and spontaneous emission in laser cooling. *Journal of Physical Chemistry A*, **103**(10359), 165.

[21] Zewail, A. H. (2000) Femtochemistry: Atomic-scale dynamics of the chemical bond. *Journal of Physical Chemistry A*, **104**, 5660–5694.

[22] Kurz, H. and Bloembergen, A. N. (eds) (1985) *Picosecond Photon-Solid interaction*, Vol. 35. Materials Research Society Symposium Proceedings.

[23] Hentschel, M. , Kienberger, R. , Spielmann, C. , Reider, G. A. , Milosevic, N. , Brabec, T. , Corkum, P. , Heinzmann, U. , Drescher, M. , and Krausz, F. (2001) Attosecond metrology. *Nature*, **414**, 509–513.

[24] Drescher, M. , Hentschel, M. , Kienberger, R. , Uiberacker, M. , Yakovlev, V. , Scrinzi, A. , Westerwalbesloh, T. , Kleineberg, U. , Heinzmann, U. , and Krausz, F. (2002) Time-re-solved atomic inner-shell spectroscopy. *Nature*, **419**, 803–807.

[25] Baltuska, A. , Udem, T. , Uiberacker, M. , Hentschel, M. , Goulielmakis, E. , Gohle, Yakov-lev, V. S. , Scrinzi, A. , Hansch, T. W. , and Krausz, F. (2003) Attosecond control of elec-tronic processes by intense light fields. *Nature*, **421**(6923), 611–615.

[26] Schaller, R. R. (1997) Moore's law: past, present and future. *Spectrum, IEEE*, **34**(6), 52–59.

[27] Knoesel, E. , Hotzel, A. , and Wolf, M. (1998) Ultrafast dynamics of hot electrons and holes in copper: Excitation, energy relaxation, and transport effects. *Physical Review B*, **57**(20), 12812–12824.

[28] Pawlik, S. , Bauer, M. , and Aeschlimann, M. (1997) Lifetime difference of photoexcited elec-trons between intraband and interband transitions. *Surface Science*, **377**, 379.

[29] White, J. O. , Cuzeau, S. , Hulin, D. , and Vanderhaghen, R. (1998) Subpicosecond hot car-rier cooling in amorphous silicon. *Journal of Applied Physics*, **84**(9), 4984–4991.

[30] Callan, J. P. , Kim, A. M. T. , Huang, L. , and Mazur, E. (2000) Ultrafast electron and lattice dynamics in semiconductors at high excited carrier densities. *Chemical Physics*, **251**(1–3), 167–179.

[31] Breitling, D. , Ruf, A. , Berger, P. W. , Dausinger, F. H. , Klimentov, S. M. , Pivovarov, P. A. , Kononenko, T. V. , and Konov, V. I. (2003) Plasma effects during ablation and drilling using pulsed solidstate lasers. *Proceedings of the SPIE*, **5121**, 24.

[32] Breitling, D. , Müller, K. P. , Ruf, A. , Berger, P. , and Dausinger, F. (2003) Materialvapor dynamics during ablation with ultrashort pulses. *Fourth International Symposium on Laser Preci-sion Microfabrication*, (eds I. Miyamoto, A. Ostendorf, K. Sugioka, H. Helvajian). Proceed-ings of the SPIE, **5063**, 81–86.

[33] Temnov, V. V. , Sokolowski-Tinten, K. , Zhou, P. , and von der Linde, D. (2004) Femtosec-

ond time – resolved interferometric microscopy. *Applied Physics A: Materials Science & Processing*, **78**(4), 483–489.

[34] Rulliere, C. (1998) *Femtosecond Laser Pulses*, Springer Verlag, Berlin, Heidelberg, New York.

[35] Russbüldt, P. (2005) Design und Analyse kompakter, Diodengepumter Femtosekunden–laser. Ph. D. thesis. RWTH–Aachen.

[36] Cahill, D. G. and Yalisove, S. M. (2006) Ultrafast lasers in materials research. *MRS Bulletin*, **31**, 594–600.

[37] Backus, S., Durfee III, C. G., Murnane, M. M., and Kapteyn, H. C. (1998) High power ultrafast lasers. *Review of Scientific Instruments*, **69**, 1207.

[38] Schibli, T. R., Kuzucu, O., Kim, J. W., Ippen, E. P., Fujimoto, J. G., Kaertner, F. X., Scheuer, V., and Angelow, G. (2003) Toward single–cycle laser systems. *IEEE Journal of Selected Topics in Quantum Electronics*, **9**(4), 990–1001.

[39] Sutter, D. H., Steinmeyer, G., Gallmann, L., Matuschek, N., Morier– Genoud, F., Keller, U., Scheuer, V., Angelow, G., and Tschudi, T. (1999) Semiconductor saturable–absorber mirror assisted Kerr–lens mode–locked Ti: sapphire laser producing pulses in the two–cycle regime. *Optics Letters*, **24**(9), 631–633.

[40] Udem, T., Reichert, J., Holzwarth, R., and Hänsch, T. W. (1999) Absolute optical frequency measurement of the cesium $D1$ line with a mode–locked laser. *Physical Review Letters*, **82**(18), 3568–3571.

[41] Apolonski, A., Poppe, A., Tempea, G., Spielmann, C., Udem, T., Holzwarth, R., TW Haensch, and Krausz, F. (2000) Experimental access to the absolute phase of few–cycle light pulses. *Physical Review Letters*, **85**, 740–743.

[42] Shelton, R. K., Ma, L. –S., Hall, J. L., Kapteyn, C., and Murnaneand, M. M., Jun, Y. (2001) Coherent pulse synthesis from two (formerly) independent passively mode–locked Ti: sapphire oscillators. *Lasers and Electro–Optics*, 2001, CLEO. Technical Digest. Summaries of papers presented at the Conference, pp. CPD10–CP1–2.

[43] Yamada, E., Takara, H., Ohara, T., Sato, K., Morioka, T., Jinguji, K., Itoh, M., and Ishii, M. (2001) A high SNR, 150 ch supercontinuum CW optical source with precise 25GHz spacing for 10Gbit/s DWDM systems. *Optical Fiber Communication Conference and Exhibit*, 2001, OFC 2001, 1.

[44] Takara, H., Yamada, E., Ohara, T., Sato, K., Jinguji, K., Inoue, Y., Shibata, T., and Morioka, T. (2001) 106 ~ 10Gbit/s, 25GHz–spaced, 640 km DWDM transmission employing a single supercontinuum multi–carrier source. *Lasers and Electro–Optics*, 2001. CLEO'01. Technical Digest. CPD11–CPI–2

[45] Mark, J., Liu, L. Y., Hall, K. L., Haus, H. A., and Ippen, E. P. (1989) Femtosecond pulse generation in a laser with a nonlinear external resonator. *Optics Letters*, **14**(1), 48–50.

[46] Ippen, E. P., Haus, H. A., and Liu, L. Y. (1989) Additive pulse mode locking. *Journal of the Optical Society of America B*, **6**(9), 1736–1745.

[47] Strickland, D. and Mourou, G. (1985) Compression of amplified chirped optical pulses. *Optics Communications*, **56**, 219.

[48] Sprangle, P. , Esarey, E. , Ting, A. , and Joyce, G. (1988) Laser wakefield acceleration and relativistic optical guiding. *Applied Physics Letters*, **53**, 2146.

[49] Rousse, A. , Phuoc, K. T. , Shah, R. , Pukhov, A. , Lefebvre, E. , Malka, V. , Kiselev, S. , Burgy, F. , Rousseau, J. P. , Umstadter, D. , and Hulin, D. (2005) Production of a keV X-ray beam from synchrotron radiation in relativistic laser plasma interaction. *Physical Review Letters*, **93**, 135005.

[50] Mourou, G. and Umstadter, D. (2002) Extreme light. *Scientific American Digital*, **286**, 80, The Edge of Physics, Special Editions.

[51] Plaessmann, H. and Grossman, W. M. (1997) Multi-pass light amplifier, US Patent 5,615, 043, 25 March 1997.

[52] Jesse, K. (2005) *Femtosekundenlaser*, Springer, Berlin, Heidelberg, New York.

[53] Shah, L. , Fermann, M. E. , Dawson, J. W. , and Barty, C. P. J. (2006) Micromachining with a 50W, 50μJ, subpicosecond fiber laser system. *Optics Express*, **14**, 12546–12551.

[54] Schnitzler, C. , Hofer, M. , Luttmann, J. , Hoffmann, D. , Poprawe, R. (2002) A cw kW-class diode end pumped Nd:YAG slab laser. In: Lasers and Electro-Optics, 2002. CLEO'02. Technical Digest, pp. 766–768.

[55] Du, K. , Wu, N. , Xu, J. , Giesekus, J. , Loosen, P. , and Poprawe, R. (1998) Partially end-pumped Nd:YAG slab laser with a hybrid resonator. *Optics Letters*, **23**(5), 370–372.

[56] Russbüldt, P. , Hoffmann, H. D. , and Mans, T. G. (2009) Power scaling of ytterbium INNO-SLAB amplifiers beyond 100W average power. *Proceedings of the SPIE*, *PhotonicsWest* 2009, **23**, 7193.

[57] Russbüldt, P. , Rotarius, G. A. P. , Mans, T. G. , Hoffmann, H. D. , Poprawe, R. , Eidam, T. , Limpert, J. , and Tünnermann, A. (2009) Hybrid 400W Fiber-Innoslab fs-Amplifier. *Advanced Solid-State Photonics*, *OSA Tech. Digest (Postdeadline)*.

[58] Poprawe, R. , Gillner, A. , Hoffmann, D. , Gottmann, J. , Wawers, W. , Schulz, W. , Phipps, C. R. (2008) High-power laser ablation VII: 20–24 April 2008, Taos, New Mexico, USA. Bellingham, WA: SPIE, 2008. (SPIE Proceedings Series 7005), Paper 700502.

[59] Lindenberg, A. M. , Larsson, J. , Sokolowski-Tinten, K. , Gaffney, K. J. , Blome, C. , Synnergren, O. , Sheppard, J. , Caleman, C. , MacPhee, A. G. , and Weinstein, D. (2005) Atomic-scale visualization of inertial dynamics. *Science (Washington)*, **308**(5720), 392–395.

[60] Corkum, P. B. and Krausz, F. (2007) Attosecond science. *Nature Physics*, **3**(6), 381–387.

[61] Alda, J. (2003) Laser and gaussian beam propagation and transformation. *Encyclopedia of Optical Engineering*, pp. 999–1013, doi:10. 1081/E-EOE 120009751.

[62] Born, M. and Wolf, E. (1980) *Principles of Optics*, Pergamon Press, New York.

[63] Siegman, A. E. (1994) Defining and measuring laser beam quality. *Solid State Lasers: New Developments and Applications*, pp. 13–28.

[64] Bor, Z. (1989) Distortion of femtosecond laser pulses in lenses. *Optics Letters*, **14**(2), 119–121.

[65] Zhu, G. , van Howe, J. , Durst, M. , Zipfel, W. , and Xu, C. (2005) Simultaneous spatial and temporal focusing of femtosecond pulses. *Optics Express*, **13**(6), 2153–2159.

[66] Guha, S. and Gillen, G. D. (2007) Vector diffraction theory of refraction of light by a spherical surface. *Journal of the Optical Society of America B*, **24**(1), 1–8.

[67] Dhayalan, V., Standnes, T., Stamnes, J. J., and Heier, H. (1997) Scalar and electromagnetic diffraction point – spread functions for high – NA microlenses. *Pure Applied Optics*, **6**, 603–615.

[68] Siegman, A. E. (1986) *Lasers*, University Science Books, Mill Valley.

[69] Wright, D., Greve, P., Fleischer, J., and Austin, L. (1992) Laser beam width, divergence and beam propagation factor an international standardization approach. *Optical and Quantum Electronics*, **24**(9), 993–1000.

[70] Siegman, A. E. (1990) Laser beam propagation and beam quality formulas using spatial–frequency and intensity–moments analyses. *Draft Version*, **49**(2), 1–22.

[71] Siegman, A. E. (1990) New developments in laser resonators. *SPIE Optical Resonators*, **1224**, 2–8.

[72] Diels, J. –C. and Rudolph, W. (1996) *Ultrashort Laser Pulse Phenomena*, Academic Press, San Diego.

[73] Bor, Z. (1988) Distortion of Femtosecond Laser Pulses in Lenses and Lens Systems. *Journal of Modern Optics*, **35**(12), 1907–1918.

[74] Korte, F., Adams, S., Egbert, A., Fallnich, C., Ostendorf, A., Nolte, S., Will, M., Ruske, J. P., Chichkov, B., and Tuennermann, A. (2000) Sub – diffraction limited structuring of solid targets with femtosecond laser pulses. *Optics Express*, **7**(2), 41–49.

[75] Stoian, R., Boyle, M., Thoss, A., Rosenfeld, A., Ashkenasi, D., Korn, G., Campbell, E. E. B., and Hertel, I. V. (2002) Ultrafast laser ablation of dielectrics employing temporally shaped femtosecond pulses. *Proceedings of the SPIE*, **4426**, 78–81.

[76] Stoian, R., Boyle, M., Thoss, A., Rosenfeld, A., Korn, G., and Hertel, I. V. (2003) Dynamic temporal pulse shaping in advanced ultrafast laser material processing. *Applied Physics A: Materials Science & Processing*, **77**(2), 265–269.

[77] Englert, L., Rethfeld, B., Haag, L., Wollenhaupt, M., Sarpe–Tudoran, C., and Baumert, T. (2007) Control of ionization processes in high band gap materials via tailored femtosecond pulses. *Optics Express*, **15**(26), 17855–17862.

[78] Korte, F., Nolte, S., Chichkov, B. N., Bauer, T., Kamlage, G., Wagner, T., Fallnich, C., and Welling, H. (1999) Far–field and near–field material processing with. femtosecond laser pulses. *Applied Physics A: Materials Science & Processing*, **69**(7), 7–11.

[79] Georg, R. A. (2000) *Linearlager und Linearführungssysteme*, expert Verlag, Renningen–Malmsheim.

[80] Chung, S. H., Clark, D. A., Gabel, C. V., Mazur, E., and Samuel, A. D. T. (2006) The role of the AFD neuron in C. elegans thermotaxis analyzed using femtosecond laser ablation. *BMC Neuroscience*, **7**(1), 30.

[81] Koch, J., Korte, F., Bauer, T., Fallnich, C., Ostendorf, A., and Chichkov, B. N. (2005) Nanotexturing of gold films by femtosecond laser–induced melt dynamics. *Applied Physics A: Materials Science & Processing*, **81**(2), 325–328.

[82] Menzel, R. (2001)*Photonics*, Springer Verlag, Berlin, Heidelberg.

[83] Marburger, J. H. (1975) Self-focusing:Theory. *Progress in Quantum Electronics*,**4**, 35–110.

[84] Yang, G. Y. and Shen, Y. R. (1984) Spectral broadening of ultrashort pulses in a nonlinear medium. *Optics Letters*, **9**(11), 510–512.

[85] Brodeur, A. and Chin, S. L. (1999) Ultrafast white–light continuum generation and self–focussing in transparent condensed media. *Journal of the Optic Society of America B*, **16**(4), 637–650.

[86] Luther, G. G., Newell, A. C., Moloney, J. V., and Wright, E. M. (1994) Short – pulse conical emission and spectral broadening in normally dispersive media. *Optics Letters*, **19**(11), 789–791.

[87] Kosareva, O. G., Kandidov, V. P., Brodeur, A., Chien, C. Y., and Chin, S. L. (1997) Conical emission from laser plasma interactions in the filamentation of powerful ultrashort laser pulses in air. *Optics Letters*, **22**(17), 1332–1334.

[88] Herrmann, R. F. W., Gerlach, J., and Campbell, E. E. B. (1998) Ultrashort pulse laser ablation of silicon: an MD simulation study. *Applied Physics A: Materials Science & Processing*, **66** (1), 35–42.

[89] Nedialkov, N. N., Imamova, S. E., and Atanasov, P. (2004) Ablation of metals by ultrashort laser pulses. *Journal of Physics D, Applied Physics*, **37**(4), 638–643.

[90] Zhigilei, L. V. (2003) Dynamics of the plume formation and parameters of the ejected clusters in short – pulse laser ablation. *Applied Physics A: Materials Science & Processing*, **76**(3), 339–350.

[91] Eliezer, S. (2002)*The Interaction of High Power Lasers with Plasmas*, Institute of Physics Publishing.

[92] Fisher, A. J., Hayes, W., and Stoneham, A. M. (1990) Theory of the structure of the self–strapped exciton in quartz. *Journal of Physics: Condensed Matter*, **2**, 6707–6720.

[93] Sun, C. –K., Vallée, F., Acioli, L. H., Ippen, E. P., and Fujimoto, J. G. (1994) Femtosecond–tunable measurement of electron thermalization in gold. *Physical Review B*, 50(20), 15337–15348.

[94] Fisher, D., Fraenkel, M., Henis, Z., Moshe, E., and Eliezer, S. (2001) Interband and intraband (Drude) contributions to femtosecond laser absorption in aluminum. *Physical Review E*, 65(1), 16409.

[95] Perry, M. D., Stuart, B. C., Banks, P. S., Feit, M. D., Yanocsky, V., and Rubenchik, A. M. (1999) Ultrashort–pulse laser machining of dielectric materials. *Journal of Applied Physics*, **85**(9), 6803–6810.

[96] Anisimov, S. I., Kapeliovich, B. L., and Perel' Man, T. L. (1974) Electron emission from metal surfaces exposed to ultrashort laser pulses. *Soviet Physics–JETP*, **39**, 375.

[97] Ginzburg, V. L. (1970) The propagation of electromagnetic waves in plasmas. *International Series of Monographs in Electromagnetic Waves*, Pergamon, Oxford,2nd rev. and enl. ed.

[98] Russo, R. E., Mao, X., Gonzalez, J. J., and Mao, S. S. (2002) Femtosecond laser ablation ICP–MS. *Journal of Analytical Atomic Spectrometry*, **17**(9), 1072–1075.

162

[99] Herrmann, R. F. W. , Gerlach, J. , and Campbell, E. E. B. (1998) Ultrashort pulse laser ablation of silicon: an md simulation study. *Applied Physics A*, **66**, 35–42.

[100] Prokhorov, A. M. *et al.* (1990) *Laser Heating of Metals*, Hilger.

[101] Preuss, S. , Späth, M. , Zhang, Y. , and Stuke, M. (1993) Time resolved dynamics of sub-picosecond laser ablation. *Applied Physics Letters*, **62**(23), 3049–3051.

[102] Krüger, J. and Kautek, W. (eds) (1996) *Sub-picosecond-pulse laser machining of advanced materials*, Vol 2. ECLAT'96.

[103] Chichkov, B. N. , Momma, C. , Nolte, S. , von Alvensleben, F. , and Tünnermann, A. (1996) Femtosecond, picosecond and nanosecond laser ablation of solids. *Applied Physics A*, **63**, 109–115.

[104] Ben-Yakar, A. , Harkin, A. , Ashmore, J. ,Byer, R. L. , and Stone, H. A. (2007) Thermal and fluid processes of a thin melt zone during femtosecond laser ablation of glass: the formation of rims by single laser pulses. *Journal of Physics D, Applied Physics (Print)*, **40** (5), 1447–1459.

[105] Ben-Yakar, A. (2004) Femtosecond laser ablation properties of borosilicate glass. *Journal of Applied Physics*, **96**(9), 5316.

[106] Choi, T. Y. and Grigoropoulos, C. P. (2002) Plasma and ablation dynamics in ultrafast laser processing of crystalline silicon. *Journal of Applied Physics*, **92**, 4918.

[107] Ye, M. and Grigoropoulos, C. P. (2001) Time-of-flight and emission spectroscopy study of femtosecond laser ablation of titanium. *Journal of Applied Physics*, **89**,5183.

[108] Dausinger, F. , Lichtner, F. , and Lubatschowski, H. (2004) *Femtosecond Technology for Technical and Medical Applications*, Springer.

[109] Stoian, R. , Rosenfeld, A. , Ashkenasi, D. , Hertel, I. V. , Bulgakova, N. M. , and Campbell, E. E. B. (2002) Surface charging and impulsive ion ejection during ultrashort pulsed laser ablation. *Physical Review Letters*, **88**(9), 97603.

[110] Perez, D. and Lewis, L. J. (2002) Ablation of solids under femtosecond laser pulses. *Physical Review Letters*, **89**(25), 255504.

[111] Sokolowski-Tinten, K. , Bialkowski, J. , Cavalleri, A. , Boing, M. , Schueler, H. , and D. von der Linde. (2003) Dynamics of femtosecond-laser-induced ablation from solid surfaces. *Proceedings of the SPIE*, **3343**, 46.

[112] Sokolowski-Tinten, K. , Bialkomiski, J. ,Boing, M. , Cavalleri, A. , and von der Linde, D. (1999) Bulk phase explosion and surface boiling during short pulse laser ablation of semiconductors. *Quantum Electronics and Laser Science Conference*, 1999. *Technical Digest. Summaries of Papers Presented at the*, pp. 231–232.

[113] Ruf, A. (2004) *Modellierung des Perkussionsbohrens von Metallen mit kurz-und ultrakurzge-pulsten Lasern*, Utz.

[114] Breitling, D. , Ruf, A. , and Dausinger, F. (2004) Fundamental aspects in machining of metals with short and ultrashort laser pulses. *Proceedings of the SPIE*, **5339**, 49–63.

[115] Ladieu, F. , Martin, P. , and Guizard, S. (2002) Measuring thermal effects in femtosecond laser-induced breakdown of dielectrics. *Applied Physics Letters*, **81**(6),957–959.

[116] Koubassov, V. , Laprise, J. F. , Théberge, F. , Förster, E. , Sauerbrey, R. , Müller, B. , Glatzel, U. , and Chin, S. L. (2004) Ultrafast laser–induced melting of glass. *Applied Physics A: Materials Science & Processing*, **79**(3), 499–505.

[117] Nolte, S. , Momma, C. , Jacobs, H. , Tünnermann, A. , Chichkov, B. N. , Wellegehausen, B. , and Welling, H. (1997) Ablation of metals by ultrashort laser pulses. *Journal of the Optical Society of America B*, **14**(10), 2716–2722.

[118] Tien, A. –C. , Backus, S. , Kapteyn, H. , Murnane, M. , and Mourou, G. (1999) Short–pulse laser damage in transparent materials as a function of pulse duration. *Physical Review Letters*, **82**(19), 3883–3886.

[119] Hippel, A. (1932) Elektrische Festigkeit und Kristallbau. *Zeitschrift für Physik A Hadrons and Nuclei*, **75**(3), 145–170.

[120] Yablonovitch, E. and Bloembergen, N. (1972) Avalanche ionization and the limiting diameter of filaments induced by light pulses in transparent media. *Physical Review Letters*, **29**(14), 907–910.

[121] Bloembergen, N. (1974) Laser–induced electric breakdown in solids. *IEEE Jounal of Quantum Electronics*, QE–**10**(3), 375–386.

[122] Kaiser, A. , Rethfeld, B. , Vicanek, M. , and Simon, G. (2000) Microsopic processes in dielectrics under irradiation by subpicosecond laser pulses. *Physical Review B*, **61**(17), 11437–11450.

[123] Rethfeld, B. , Kaiser, A. , Vicanek, M. , and Simon, G. (2000) Microscopical dynamics in solids absorbing a subpicosecond laser pulse. *Proceedings of the SPIE*, **4065**, 356–370.

[124] Stuart, B. C. , Feit, M. D. , Rubenchik, A. M. , Shore, B. W. , and Perry, M. D. (1995) Laser–induced damage in dielectrics with nanosecond to subpicosecond pulses. *Physical Review Letters*, **74**(12), 2248–2251.

[125] Gamaly, E. G. , Rode, A. V. , Tikhonchuk, V. T. , and Luther–Davies, B. (2002) Electrostatic mechanism of ablation by femtosecond lasers. *Applied Surface Science*, **197–198**, 699–704.

[126] Keldish, L. V. (1965) Ionization in the field of a strong electromagnetic wave. *Soviet Physics–JETP*, **20**(5), 1307–1314.

[127] Schmidt, G. (1979) *Physics of High Temperature Plasmas*, Academic Press, Inc. , New York, p. 420.

[128] Landau, L. D. and Lifshitz, E. M. (1980) *The Classical Theory of Fields*, Butterworth–Heinemann.

[129] Kupersztych, J. (1985) Electron acceleration in high–frequency longitudinal waves, Doppler–shifted ponderomotive forces, and Landau damping. *Physical Review Letters*, **54**(13), 1385–1387.

[130] James, D. , Savedoff, M. , and Wolf, E. (1990) Shifts of spectral lines caused byscattering from fluctuating random media (quasar spectrum analysis). *Astrophysical Journal*, **359**, 67–71.

[131] Trebino, R. (2002) *Frequency–Resolved Optical Gating: The Measurement of Ultrashort Laser*

Pulses, Kluwer Academic Publishers.

[132] Hecht, E. (1998) *Optics*, Addison–Wesley, New York.

[133] Sucha, G. , Fermann, M. E. , Harter, D. J. , and Hofer, M. (1996) A new method for rapid temporal scanning of ultrafast lasers. *Selected Topics in Quantum Electronics*, *Journal of IEEE*, **2**(3), 605–621.

[134] Mingareev, I. , Horn, A. , and Kreutz, E. W. (2006) Observation of melt ejection in metals up to 1 μs after femtosecond laser irradiation by a novel pump–probe photography setup. *Proceedings of SPIE*, **6261**, 62610A.

[135] Mingareev, I. (2009) Ultrafast dynamics of melting and ablation at large laser intensities. PhD thesis. RWTH–Aachen.

[136] Siegman, A. E. (1974) An Introduction to Lasers and Masers. *American Journal of Physics*, **42**(6), 521–529.

[137] Herriott, D. , Kogelnik, H. , and Kompfner, R. (1964) Off–axis paths in spherical mirror interferometers. *Applied Optics*, **3**(4), 523–526.

[138] Piyaket, R. , Hunter, S. , Ford, J. E. , and Esener, S. (1995) Programmable ultrashort optical pulse delay using an acousto–optic deflector. *Applied Optics*, **34**(8), 1445–1453.

[139] Edelstein, D. C. , Romney, R. B. , and Scheuermann, M. (1991) Rapid programmable 300 ps optical delay scanner and signal–averaging system for ultrafast measurements. *Review of Scientific Instruments*, **62**, 579.

[140] Horn, A. , Mingareev, Gottmann, J. , Werth, A. , and Brenk, U. (2007) Dynamical detection of optical phase changes during micro–welding of glass with ultrashort laser radiation. *Measurement Science and Technology*, **18**, 1–6.

[141] Horn, A. , Khajehnouri, H. , Kreutz, E. W. , and Poprawe, R. (2002) Ultrafast pump and probe investigations on the interaction of femtosecond laser pulses with glass. *Proceedings of the SPIE*, **4948**, 393–400.

[142] Watanabe, W. and Itoh, K. (2001) Spatial coherence of supercontinuum emitted from multiple filaments. *Japanese Journal of Applied Physics*, **40**, 592–595.

[143] Horn, A. , Khajehnouri, H. , Kreutz, E. W. , and Poprawe, R. (2002) Time resolved optomechanical investigations on the interaction of laser radiation with glass in the femtosecond regime. *Proc. LIA*, *ICALEO* 2002, **94**, 1577–1585.

[144] Horn, A. (2003) *Zeitaufgelöste Analyse der Wechselwirkung von ultrakurz gepulster Laserstrahlung mit Dielektrika*. Ph. D. thesis. RWTH–Aachen.

[145] Bräuchle, F. (2001) Konversionseffizienz nichtlinearer Kristalle und Halbleiter bei Pulsdauern im Piko– und Femtosekundenbereich. Studienarbeit. RWTHAachen.

[146] Khajehnouri, H. (2002) Laserinduzierte Prozesse in Gläsern mit zeitaufgelöster Absorptionsspektroskopie und Normarski–Mikroskopie im Femtosekundenbereich. Master's thesis. FH–Emden.

[147] Koechner, W. (1996) *Solid–State Laser Engineering*, Vol. 1, Springer Verlag, Berlin, Heidelberg, New York.

[148] Horn, A. , Kreutz, E. W. , and Poprawe, R. (2004) Ultrafast time–resolved photography of

femtosecond laser induced modifications in BK7 glass and fused silica. *Applied Physics A: Materials Science & Processing*, **79**(4), 923–925.

[149] Horn, A., Kaiser, C., Ritschel, R., Mans, T., Russbüldt, P., Hoffmann, H. D., and Poprawe, R. (2007) Si−*Kα*−radiation generated by the interaction of femtosecond laser radiation with silicon. *Journal of Physics: Conference Series*, **59**, 159–163.

[150] Lindenberg, A. M., Larsson, J., Sokolowski−Tinten, K., Gaffney, K. J., Blome, C., Synnergren, O., Sheppard, J., Caleman, C., MacPhee, A. G., Weinstein, D., *et al.* (2005) Atomic−Scale Visualization of Inertial Dynamics, *Science*, **308**(5720), 392–395.

[151] Feurer, T., Morak, A., Uschmann, I., Ziener, C., Schwoerer, H., Förster, E., and Sauerbrey, R. (2001) An incoherent subpicosecond X−ray source for time−resolved X−ray−diffraction experiments. *Applied Physics B: Lasers and Optics*, **72**(1), 15–20.

[152] Mans, T., Russbüldt, P., Kreutz, E. W., Hoffmann, D., and Poprawe, R. (2003) Colquiriite fs−sources for commercial applications. *Proceedings of the SPIE*, **4978**, 38.

[153] Mancini, R. C., Shlyaptseva, A. S., Audebert, P., Geindre, J. P., Bastiani, S., Gauthier, J. C., Grillon, G., Mysyrowicz, A., and Antonetti, A. (1996) Stark broadening of satellite lines in silicon plasmas driven by femtosecond laser pulses. *Physical Review E*, **54**(4), 4147–4154.

[154] Casnati, E., Tartari, A., and Baraldi, C. (1983) An empirical approach to *k*−shell ionisation cross section by electrons. *Journal of Physics B Atomic and Molecular Physics*, **15**(1), 155–167.

[155] Casnati, E., Tartari, A., and Baraldi, C. (1983) An empirical approach to *k*−shell ionisation cross section by electrons (corrigendum). *Journal of Physics B Atomic and Molecular Physics*, **16**(3), 505–505.

[156] Gordienko, V. M., Lachko, I. M., Mikheev, P. M., Savel'ev, A. B., Uryupina, D. S., and Volkov, R. V. (2002) Experimental characterization of hot electron production under femtosecond laser plasma interaction at moderate intensities. *Plasma Physics and Controlled Fusion*, **44**(12), 2555–2568.

[157] Reich, C., Gibbon, P., Uschmann, I., and Förster, E. (2000) Yield optimization and time structure of femtosecond laser plasma *Kα* Sources. *Physical Review Letters*, **84**(21), 4846–4849.

[158] Mahlmann, D., Jahnke, J., and Loosen, P. (2008) Rapid determination of the dry weight of single, living cyanobacterial cells using the Mach − Zehnder doublebeam interference microscope. *European Journal of Phycology*, **43**(4), 355–364.

[159] Walter, F. (1963) Interferenzmikroskopie und hämatologische Forschung. *Annals of Hematology*, **9**(5), 297–314.

[160] Fomin, N. A. (1998) *Speckle Photography for Fluid MechanicsMesurements*, Springer Verlag, Berlin, Heidelberg.

[161] Russbüldt, P. (1996) Abtrag von Metallen undHalbleitern bei der Bearbeitung mit intensiven, ultrakurzen Laserpulsen. Master's thesis. RWTH−Aachen.

[162] Allen, R. D., David, G. B., and Nomarski, G. (1969) The Zeiss−Nomarski differential inter-

ference equipment for transmitted−light microsospy. *Zeitschrift für Wissenschaftliche Mikroskopie und Mikroskopische Technik*, **69**(4), 193−221.

[163] Preza, C., Snyder, D. L., and Conchello, J. −A. (1999) Theoretical development and experimental evaluation of imaging models for differential interference contrast microscopy. *Journal of the Optical Society of America A*, **16**(9), 2185−2199.

[164] Horn, A., Weichenhain, R., Kreutz, E. W., and Poprawe, R. (2001) Dynamics of laser−induced cracking in glasses at a picosecond time scale. *Proceedings of the SPIE*, **4184**, 539−544.

[165] Horn, A., Mingareev, I., and Miyamoto, I. (2006) Ultra−fast diagnostics of laserinduced melting of matter. *JLMN−Journal of Laser Micro/Nanoengineering*, **1**(3), 264−268.

[166] Wawers, W. (2008) *Präzisions−Wendelbohren mit Laserstrahlung*. Ph. D. thesis. RWTH−Aachen.

[167] Walther, K. (2008) *Herstellung von Formbohrungen mit Laserstrahlung*. Ph. D. thesis. RWTH−Aachen, in preparation.

[168] König, J., Nolte, S., and Tünnermann, A. (2005) Plasma evolution during metal ablation with ultrashort laser pulses. *Optics Express*, **13**(26), 10597−10607.

[169] Bäuerle, D. (1996) *Laser Processing and Chemistry*, Springer Verlag, Berlin.

[170] Kelly, R. and Miotello, A. (1999) Contribution of vaporization and boiling to thermal−spike sputtering by ions or laser pulses. *Physical Review E*, **60**(3), 2616−2625.

[171] Mingareev, I. and Horn, A. (2007) Time−resolved investigations of plasma and melt ejections in metals by pump−probe shadowgraphy. *Applied Physics A*, **92**(4), 917−920.

[172] Korte, F., Koch, J., and Chichkov, B. N. (2004) Formation of microbumps and nanojets on gold targets by femtosecond laser pulses. *Applied Physics A: Materials Science & Processing*, **79**(4), 879−881.

[173] Jandeleit, J., Urbasch, G., Hoffmann, H. D., Treusch, H. G., and Kreutz, E. W. (1996) Picosecond laser ablation of thin copper films. *Applied Physics A: Materials Science & Processing*, **63**(2), 117−121.

[174] Jandeleit, J., Russbüldt, P., Treusch, H. G., and Kreutz, E. W. (1997) Micromachining by picosecond laser radiation: fundamentals and applications. *Proceedings of the SPIE*, **3097**, 252.

[175] Zel'dovich, Y. B. and Raizer, P. (1966) *Physics of shock waves and high−temperature hydrodynamic phenomena*, Vol. 1, Academic Press.

[176] Jandeleit, J., Russbüldt, P., Urbasch, G., Hoffmann, D., Treusch, H. −G., and Kreutz, E. W. (1996) Investigation of laserinduced ablation processes and production of microstructures by picosecond laser pulses. ICACEO'96, Laser Material Processing, Detroit (USA), 14−17 October 1996, E89−E91.

[177] Talkenberg, M., Kreutz, E. W., Horn, A., Jacquorie, M., and Poprawe, R. (2003) UV laser radiation−induced modifications and microstructuring of glass. *Proceedings of the SPIE*, **4637**, 258.

[178] Ligbado, G., Horn, A., Kreutz, E. W., Krauss, M. M., Siedow, N., and Hensel, H.

(2005) Coloured marking inside glass by laser radiation. *Proceedings of the SPIE*, **5989**, 59890K.

[179] Alfano, R. R. (1989) *Supercontinuum Laser Sources*, Springer Verlag, Berlin, Heidelberg.

[180] Alfano, R. R. and Shapiro, S. L. (1970) Observation of self-phase modulation and small-scale filaments in crystals and glasses. *Physical Review Letters*, **24**, 592–594.

[181] Martin, P., Guizard, S., Daguzan, P., Petite, G., D'Oliveira, P., Meynadier, P., and Perdrix, M. (1997) Subpicosecond study of carrier trapping dynamics in wideband-gap crystals. *Physical Review B*, **55**, 5799–5810.

[182] Quere, F., Guizard, S., Martin, P., Petite, G., Gobert, O., Meynadier, P., and Perdrix, M. (1998) Subpicosecond studies of carrier dynamics in laser induced breakdown. *Proceedings of the SPIE*, **3578**, 10–19.

[183] Saeta, P. N. and Greene, B. I. (1993) Primary relaxation processes at the band edge of SiO_2. *Physical Review Letters*, **70**, 3588–3591.

[184] Joosen, W. *et al.* (1992) Femto second multiphoton generation of the self-trapped exciton in $\alpha-SiO_2$. *Applied Physics Letters*, **61**(19), 2260–2262.

[185] Guizard, S. and Meynardier, M. (1996) Time-resolved study of laser-induced colour centres in SiO_2. *Journal of Physics: Condensed Matter*, **8**, 1281–1290.

[186] Petite, G., Daguzan, P., Guizard, S., and Martin, P. (1997) Ultrafast processes in laser irradiated wide bandgap insulators. *Applied Surface Science*, **109/110**, 36–42.

[187] Wortmann, D., Ramme, M., and Gottmann, J. (2007) Refractive index modification using fs-laser double pulses. *Optics Express*, **15**(16), 10149–10153.

[188] Schaffer, C. B., García, J. F., and Mazur, E. (2003) Bulk heating of transparent materials using a high-repetition-rate femtosecond laser. *Applied Physics A: Materials Science & Processing*, **76**(3), 351–354.

[189] Miyamoto, I., Horn, A., and Gottmann, J. (2007) Local melting of glass material and its application to directfusion welding by ps-laser pulses. *JLMN-Journal of Laser Micro/Nanoengineering*, **2**(1), 7–14.

[190] Miyamoto, I., Horn, A., Gottmann, J., Wortmann, D., and Yoshino, F. (2007) High-precision, high-throughput fusion welding of glass using femtosecond laser pulses,. *JLMN-Journal of Laser Micro/Nanoengineering*, **2**(1), 57–63.

[191] Tamaki, T., Watanabe, W., Nishii, J., and Itoh, K. (2005) Welding of transparent materials using femtosecond laser pulses. *Japanese Journal of Applied Physics*, **44**(22), L687–L689.

[192] Watanabe, W., Onda, S., Tamaki, T., Itoh, K., and Nishii, J. (2006) Spaceselective laser joining of dissimilar transparent materials using femtosecond laser pulses. *Applied Physics Letters*, **89**, 021106.

[193] Tamaki, T., Watanabe, W., and Itoh, K. (2006) Laser micro-welding of transparent materials by a localized heat accumulation effect using a femtosecond fiber laser at 1558nm. *Optics Express*, **14**(22), 10460–10468.

[194] Watanabe, W., Onda, S., Tamaki, T., and Itoh, K. (2007) Direct joining of glass substrates by 1 kHz femtosecond laser pulses. *Applied Physics B: Lasers and Optics*, **87**(1),

85-89.

[195] Horn, A. , Mingareev, I. , Werth, A. , Kachel, M. , and Brenk, U. (2008) Investigations on ultrafast welding of glass–glass and glass–silicon. *Applied Physics A*, **93**(1), 171–175.

[196] Horn, A. , Mingareev, I. , and Werth, A. (2008) Investigations on melting and welding of glass by ultra–short laser Radiation. *JLMN–Journal of Laser Micro/ Nanoengineering*, **3**(2), 114–118.

[197] Kern, W. (1990) The evolution of silicon wafer cleaning technology. *Journal of The Electrochemical Society*, 137, 1887.

[198] Rudd, J. V. , Zimdars, D. A. , and Warmuth, M. W. (2003) Compact fiberpigtailed terahertz imaging system. *Proceedings of the SPIE*, **3934**, 27.

[199] Thomsen, C. , Grahn, H. T. , Maris, H. J. , and Tauc, J. (1986) Surface generation and detection of phonons by picosecond light pulses. *Physical Review B*, **34**(6), 4129–4138.

[200] Röser, F. , Rothhard, J. , Ortac, B. , Liem, A. , Schmidt, O. , Schreiber, T. , Limpert, J. , and Tünnermann, A. (2005) 131W 220 fs fiber laser system. *Optics Letters*, **30**(20), 2754–2756.

[201] Klingebiel, S. , Röser, F. , Ortac, B. , Limpert, J. , and Tünnermann, A. (2007) Spectral beam combining of Yb–doped fiber lasers with high efficiency. *Journal of the Optical Society of America B*, **24**(8), 1716–1720.

[202] Shelby, R. A. , Smith, D. R. , Nemat–Nasser, S. C. , and Schultz, S. (2001) Microwave transmission through a twodimensional, isotropic, left–handed metamaterial. *Applied Physics Letters*, **78**(4), 489.

[203] Caloz, C. , Chang, C. C. , and Itoh, T. (2001) Full–wave verification of the fundamental properties of left–handed materials in waveguide configurations. *Journal of Applied Physics*, **90** (11), 5483.

[204] Busch, K. , von Freymann, G. , Linden, S. , Mingaleev, S. F. , Tkeshelashvili, L. , and Wegener, M. (2007) Periodic nanostructures for photonics. *Physics Reports*, **444**(3 – 6), 101–202.

[205] Stoian, R. *et al.* (2002) Laser ablation of dielectrics with temporally shaped femtosecond pulses. *Applied Physics Letters*, **80**(3), 353.

[206] Bulgakova, N. M. , Stoian, R. , Rosenfeld, A. , Hertel, I. V. , and Campbell, E. E. B. (2004) Electronic transport and consequences for material removal in ultrafast pulsed laser ablation of materials. *Physical Review B*, **69**(5), 54102.

[207] Iatia Ltd. , www. iatia. com. au.

[208] Allman, B. E. and Nugent, K. A. (2006) Shape Imaging in Defence Operations. *Land Warfare Conference* 2006, Brisbane.

[209] Nugent, K. , Paganin, D. , and Barty, A. (2006) Phase determination of a radiation wave field, 2 May 2006. US Patent 7,039,553.

[210] Landau, L. D. and Lifshitz, E. M. (1987) *Fluid Mechanics*, Pergamon.

[211] Mangles, S. P. D. , Walton, B. R. , Tzoufras, M. , Najmudin, Z. , Clarke, R. J. , Dangor, A. E. , Evans, R. G. , Fritzler, S. , Gopal, A. , Hernandez–Gomez, C. , Mori, W. B. , Roz-

mus, W. , Tatarakis, M. , Thomas, A. G. R. , Tsung, F. S. , Wei, M. S. , and Krushelnick, K. (2005) Electron acceleration in cavitated channels formed by a petawatt laser in low – density plasma. *Physical Review Letters*, **94**, 245001–4.

[212] Dromey, B. , Zepf, M. , Gopal, A. , Lancaster, K. , Wei, M. S. , Krushelnick, K. ,Tatarakis, M. , Vakakis, N. , Moustaizis, S. ,Kodama, R. , Tampoand, M. Stoeckl, C. , Clarke, R. , Habara, H. , Neely, D. , Karsch, S. , and Norreys, P. (2006) High harmonic generation in the relativistic limit. *Nature Physics*, **2**, 456–459.

[213] Nilson, P. M. ,Willingale, L. , Kaluza, M. C. , Kamperidis, C. , Minardi, S. , Wei, M. S. , Fernandes, P. , Notley, M. , Bandyopadhyay, S. , Sherlock, M. , Kingham, R. J. , Tatarakis, M. ,Najmudin, Z. , Rozmus, W. , Evans, R. G. , Haines, M. G. , Dangor, A. E. , and Krushelnick, K. (2006) Magnetic reconnection and plasma dynamics in two–beam laser-solid interactions. *Physical Review Letters*, **97**, 255001–4.

[214] Mackinnon, A. J. , Patel, P. K. , Borghesi, M. , Clarke, R. C. , Freeman, R. R. , Habara, H. , Hatchett, S. P. , Hey, D. , Hicks,D. G. , Kar, S. ,Key,M. H. ,King, J. A. , Lancaster, K. , Neely, D. , Nikkro, A. , Norreys, P. A. , Notley, M. M. , Phillips, T. W. , Romagnani, L. , Snavely, R. A. , and Stephens, R. B. and Town, R. P. J. (2006) Proton radiography of a laser–driven implosion. *Physical Review Letters*, **97**, 045001–4.

[215] Lancaster, K. L. , Green, J. S. , Hey, D. S. , Akli, K. U. , Davies, J. R. , Clarke, R. J. , Freeman, R. R. , Habara, H. , Key, M. H. , Kodama, R. , Krushelnick, K. , Murphy, C. D. , Nakatsutsumi, M. , Simpson, P. , Stephens, R. , Stoeckl, C. , Yabuuchi, T. , Zepf, M. , and Norreys, P. A. (2007) Measurements of energy transport patterns in solid density laser plasma interactions at intensities of 5 ~ 1020 Wcm–2. *Physical Review Letters*, **98**, 125002–4.

[216] Murphy, C. D. , Trines, R. , Vieira, J. , Reitsma, A. J. W. , Bingham, R. , Collier, J. L. , Divall, E. J. , Foster, P. S. , Hooker, C. J. , Langley, A. J. , Norreys, P. A. , Fonseca, R. A. , Fiuza, F. , Silva, L. O. , Mendonca, J. T. , Mori, W. B. , Gallacher, J. G. , Viskup, R. , Jaroszynski, D. A. , Mangles, S. P. D. , Thomas, A. G. R. , Krushelnick, K. , and Najmudin, Z. (2006) Evidence of photon acceleration by laser wake fields. *Physics of Plasmas*, **13**, 033108–8.

[217] Kodama, R. , Shiraga, H. , Shigemori, K. , Toyama, Y. , Fujioka, S. , Azechi, H. , Fujita, H. , Habara, H. , Hall, T. , Izawa, Y. ,*et al.* (2002) Nuclear fusion: Fast heating scalable to laser fusion ignition. *Nature*, **418**(6901) , 933–934.

[218] Edwards, G. S. , Allen, S. J. , Haglund, R. F. , Nemanich, R. J. , Redlich, B. , Simon, J. D. , and Yang, W. –C. (2005) Applications of free–electron lasers in the biological and material sciences. *Photochemistry and Photobiology*, **81**, 711–735, doi:10. 1111/j. 17511097. 2005. tb01437. x.